SAR图像处理与检测

杨萌　应娜　胡淼　主编

电子工业出版社·

Publishing House of Electronics Industry

北京·BEIJING

内 容 简 介

本书论述 SAR 图像处理与检测的基本原理、方法和应用，内容包括字典学习、多尺度几何分析、信息几何、深度学习等框架，提供了大量算法和编程实例，以原理—算法—程序的形式，使读者在学习和阅读的过程中更加容易理解知识点。

本书侧重介绍以特征表示为基础的相干斑抑制与目标检测算法，以时间发展为主线，展示了在相关领域内若干关键技术的研究历程，从数理、算法、编程实现的角度，体现了从实践中来，到实践中去的工程科学特性。

本书可作为高等院校本科生和研究生的教材或教学参考书，也可供有关教师、研究人员阅读。

图书在版编目（CIP）数据

SAR 图像处理与检测 / 杨萌，应娜，胡淼主编.

北京：电子工业出版社，2024. 6. -- ISBN 978-7-121
-48072-0

Ⅰ．TN958

中国国家版本馆 CIP 数据核字第 2024LN2164 号

责任编辑：孟　宇
印　　刷：天津画中画印刷有限公司
装　　订：天津画中画印刷有限公司
出版发行：电子工业出版社
　　　　　北京市海淀区万寿路 173 信箱　　　邮编：100036
开　　本：787×1092　　1/16　　印张：11　　字数：234 千字
版　　次：2024 年 6 月第 1 版
印　　次：2024 年 6 月第 1 次印刷
定　　价：49.80 元

前　言

党的二十大报告明确提出："教育、科技、人才是全面建设社会主义现代化国家的基础性、战略性支撑。必须坚持科技是第一生产力、人才是第一资源、创新是第一动力，深入实施科教兴国战略、人才强国战略、创新驱动发展战略，开辟发展新领域新赛道，不断塑造发展新动能新优势。""教育是国之大计、党之大计。""我们要坚持教育优先发展、科技自立自强、人才引领驱动，加快建设教育强国、科技强国、人才强国，坚持为党育人、为国育才，全面提高人才自主培养质量，着力造就拔尖创新人才，聚天下英才而用之。"

在科技发展和产业升级动态更新的背景下，依托现代教育理念，统筹课程和教材建设，紧随时代发展步伐，不断强基固本、改革创新，加快产学研融合，发展面向信息化产业的新工科教育理念，编写各种创新教材，满足各类改革下的教学需要，对推进高等教育改革、培养新时代人才具有重要意义。

本书主要内容

本书言简意赅，强调基础，注重理论素养和实践经验，结合 MATLAB 和 Python 两种常用的编程语言，实现了从原理分析、算法设计到编程实现的系统引导。本书将文字、公式和程序等表述方式融为一体，完成产学研一体化工程素养的提升。全书共 6 章，除绪论（第 1 章）外，主体的 5 章内容如下所述。

第 2 章介绍 SAR 图像滤波的字典学习算法，包括 K-SVD 算法、K-LLD 算法和 K-OLS 算法。该章内容为 SAR 图像中的稀疏表征和应用奠定了基础。

第 3 章介绍 SAR 图像滤波的多尺度几何分析算法，包括 SAR 图像相干斑抑制的小波域算法、剪切波域算法和稀疏优化算法。小波分析、框架分析、多尺度几何分析是机器学习中应用广泛、理论基础清晰的架构，具有局部化、方向性、多尺度特性等优势。

第 4 章介绍 SAR 图像目标检测的黎曼几何算法，主要包括费希尔信息度量、高斯统计流形和威布尔统计流形等内容。信息几何是近些年发展起来的新兴学科，是在黎曼流形上采用微分几何方法来研究统计学和信息领域问题而提出的一套新的理论体系。该章以黎曼几何理论为基础，旨在探索其在 SAR 图像目标检测中的应用。

第 5 章介绍 SAR 图像目标检测的芬斯勒几何算法，主要包括芬斯勒度量张量和 LogGamma 流形等内容。如果说黎曼几何是一幅深刻描述空间形态的黑白图画，那么芬斯勒几何就是这种描述的绚丽多姿的彩色画卷。芬斯勒几何的观点和方法，不仅与数学的其他分支，如微分方程、李群、代数学、拓扑学、非线性分析等密切相关，而且在数学物理、理论物理、生物数学、控制论、信息论等学科中得到了越来越广泛的应用。该章以芬斯勒几何理论为基础，旨在探索其在 SAR 图像目标检测中的应用。

第 6 章介绍 SAR 图像目标检测的 YOLO 算法，主要包括 YOLO4 模型的主干网络、YOLO4 模型的检测颈、YOLO4 模型的检测头和 YOLO4 模型的训练等内容。在 SAR 图像目标检测领域，深度学习及其应用受到了前所未有的重视和关注，YOLO 算法是一种基于深度神经网络的对象识别和定位算法，其最大的特点是运行速度很快，可以用于实时系统。

致谢

感谢电子工业出版社对本书出版所做的努力。

感谢本书作者所在的杭州电子科技大学为本书出版所提供的资助。

由于作者水平有限，书中不足之处在所难免，敬请专家和读者批评指正。

杨萌　应娜　胡森
2024 年 2 月

目　　录

第 1 章

绪论

1.1　背景与意义

合成孔径雷达（Synthetic Aperture Radar，SAR）是一种主动式的对地观测系统，由于该系统能够实现穿透云雾、植被对地全天候远距离的观测，被广泛应用于军事、遥感、水文、地矿等领域。1951 年 6 月，美国 Goodyear 航空公司的 Carl Wiley 发现侧视雷达可以利用回波信号中的多普勒频移达到改善方位分辨率的目的，这标志着合成孔径概念的诞生。这一概念的提出是微波探测和遥感发展史上里程碑式的事件，有效地解决了雷达设计中高分辨率要求与大天线、短波长之间的矛盾，图像分辨率得到了显著的提高。第一张 SAR 图像产生于 1953 年 7 月，该图像采用的是非聚焦合成孔径方法。20 世纪 60 年代，美国在以航天飞机、卫星等为载体的空载 SAR 领域处于全球领先地位。20 世纪 70 年代，第一颗星载 SAR 卫星由美国发射成功，并顺利实现了对地观测，由此开创了星载 SAR 的历史。随后，加拿大及欧洲许多国家在 SAR 系统的研究方面都取得了快速的发展，以满足军事和民用需要。21 世纪，为适应海洋开发利用、环境保护及减灾救灾的客观需求，SAR 卫星的研制工作在我国获得了广泛重视，在 2011 年至 2012 年我国陆续发射了海洋二号卫星和环境一号 C 卫星，随着我国资源调查和防震减灾等众多领域需求的激增，研制性能更为先进、多用途的合成孔径雷达卫星成为加快我国信息化建设的当务之急。中国航天科技集团有限公司研制了高分辨率、多模式、多极化、C 频段的 SAR 卫星——高分三号卫星，于 2016 年 8 月发射成功。

在过去的十几年里，我国在研发获取 SAR 数据的系统方面投入了大量精力，从各种各样的机载和星载 SAR 系统中获取了海量的高质量 SAR 图像，但是在如何利用好这些海量的数据方面所做的工作相对较少。SAR 图像的特性会随着不同的配置条件（包括姿态、俯仰、遮挡、隐蔽、成像参数等）发生较大的变化，与光学图像存在较大差异，尽管有经验的图像分析人员可以快速地识别出一些特征，但是，人工进行信息提取是一项非常耗时的工作，而且，不同分析人员间也没有对于判读结果的统一评价标准。因此，在对数据信息进行充分理解的基础上，建立统一的决策标准，以获得适合人眼观察识别的图像，同时能够自动或半自动地生成某些决策，将会给 SAR 图像在各领域的推广应用带来极大的助力。由 SAR 系统获得的图像数据信息通常是高维的，结构丰富且多样化。在大量复杂的数据中，人们感兴趣的数据远远少于整体，如何快速检索到人们感兴趣的那些信息是待解决的关键问题。基于有用信息在整体数据中稀疏性假设的稀疏表示理论提供给了研究工作者一个处理海量 SAR 图像数据信息的新思路。相对于一维信号，二维 SAR 图像数据具有更多的空间结构信息，可以同时将图像的结构信息和信息的稀疏性整合到一个框架中的群稀疏表示理论，能够在 SAR 图像的应用中获得更好的效果。

1.2　基本定义与问题描述

SAR 系统是一种测量地面和入射电磁波之间局部相互作用的系统，使用该系统可以产生描述该局部相互作用的高分辨率 SAR 图像。从某种意义上来讲，SAR 图像是地面局部散射特性的一种表现形式，即所有地面信息以电磁理论知识为载体。SAR 图像应用的独特性与电磁理论的一般性之间存在广阔的技术和理论发展空间，其目的是为 SAR 图像分析与解译提供一些一般性的方法。

1.2.1　SAR 图像相干斑抑制

SAR 图像是通过相干的电磁散射过程得到的，因此存在无法避免的各散射体之间的干扰现象，其在图像中表现为相干斑噪声，该干扰是理解与分析 SAR 图像需要首先解决的问题。在过去的几十年中，新一代星载 SAR 系统的出现，极大地吸引了科研人员对 SAR 图像处理应用的关注。到目前为止，针对 SAR 图像的相干斑抑制研究是较为广泛的，通过结合不同的估计域（如空间域、频率域、小波域、其他类型变换域等）、估计准则［如最小均方误差（Minimun Mean Square Error，MMSE）、线性最小均方误差（Linear Minimum Mean Square Error，LMMSE）、最小平均绝对误差等］、最大后验概率（Maximum A Posteriori Probability，MAP）估计或者非贝叶斯模型，以及概率密度估计模型，可以获得大量不同种类的相干斑抑制方法。

有关相干斑抑制的研究工作最早始于图像空间域的处理，该类方法基于对目标反射强度及相干斑相关统计特性（如自相关函数和概率分布函数等）的假设。根据其统计特性的不同，空间域滤波器将真实 SAR 图像中的区域分为三类：均匀区域、纹理区域及强散射区域。第一类图像区域在空间上具有恒定的强度值，对此类情形的最佳估计方法为在邻域中取像素强度的平均值；属于第三类图像区域的像素值一般予以保留以进行目标检测，并且用于校准及匹配等操作。此类滤波器的设计旨在降低第二类图像区域的相干斑噪声。

过去三十年还出现了许多不遵循贝叶斯准则的相干斑抑制算法，下面对较为流行的算法进行介绍和总结。以中值滤波器为代表的次序统计滤波器由于其边缘保持的独特特性而在相干斑抑制的应用领域得到了一定的普及，当条件中值滤波器识别像素为异常值（窗口内极值）时，使用样本中值替换局部滑动窗口的中心像素值。稀疏表示（Sparse Representation，SR）信号模型受到图像处理研究学者的广泛欢迎和关注，该模型理论的基本假设：自然图像都满足稀疏先验模型，即可以被视为字典中少数原子的线性组合。稀疏表示方法已被成功应用于图像去噪、图像分类和图像恢复，同样也被应用于 SAR 图像的相干斑抑制。SAR 图像相干斑噪声具有离散无结构分布形式，与具有明显结构特征的图像信息不同，如何利用群稀疏表示理论探索 SAR 图像的目标结构特征表现出的群稀疏性并进行相干斑噪声抑制是本书相关算法设计的初衷。相干斑噪声多被建模为指数分布的乘性相干斑噪声，而融合稀疏表示理论中使用的信号模型为字典各原子的线性叠加形式，如何结合相干斑噪声特点并利用群稀疏表示理论抑制乘性相干斑噪声是本书的分析重点。

1.2.2　SAR 图像目标检测

基于 SAR 图像的目标检测技术已经成为 SAR 军事应用的核心技术，地面的坦克集群、运输车辆、导弹发射架等是战场上的重要目标，对感兴趣目标实现实时的自动检测，为战场指挥提供有用信息，具有重要的意义。过去几十年，SAR 图像目标检测问题获得了相关研究学者及机构的广泛关注和研究，并涌现了多种目标检测算法。按各种检测算法选用技术标准的不同，SAR 图像目标检测的研究方法大致可分为两种：基于对比度的目标检测算法及基于图像特征的目标检测算法。

在 SAR 图像中除感兴趣目标外，场景中还包含大量由杂波构成的像素点，一般情况下感兴趣目标像素点只占有较小的空间区域，同时达到最小的虚警概率和最大的检测概率是目标检测算法设计的目的。基于对比度的目标检测算法能较好地检测出金属质地的感兴趣目标，如车辆、舰船、基站等，即具有较大的后向散射强度，能够明显区别与周遭环境具有较大对比度的目标。恒虚警率（Constant False Alarm Rate，CFAR）检测算法是 SAR 图像目标检测领域最常用且研究较为深入的一类算法，经典的 CFAR 检测算法基于统计检测理论，根据给定的虚警概率及背景杂波的统计特性计算检测门限，将图像内像素点与检测门限进行对比，判断该像素点是否属于目标。在实际应用中，待处理的 SAR 图像往往包含多种地物植被覆盖类型，不匹配的杂波统计模型会直接影响 CFAR 检测器的速度和精度，造成检测性能的下降。CFAR 类目标检测算法是基于背景杂波统计模型的，感兴趣目标被定义为背景杂波中的异常点。但是在实际应用中，目标信息存在众多差异，无法建立较为通用的各类目标统计模型，对该类算法的推广应用造成了较大困难。

上述目标检测算法都是基于目标和背景之间后向散射强度的差异进行判断的，这是目标区别于背景杂波的一个图像特征。而从理论上讲，目标在图像上表现出的纹理、大小等多种图像特征都可以作为目标检测的依据，基于图像特征的目标检测算法就是通过提取图像中与目标特征相匹配的信息实现目标检测的。常用的目标特征有边缘特征、纹理特征、区域形状特征和方向特征等。另外，为解决大范围高分辨率 SAR 图像目标检测问题，综合利用图像多特征及先验信息是解决感兴趣目标检测问题的必要条件。相关研究学者提出了众多基于图像背景信息的目标检测算法，该类算法采用了多种背景信息，如图像上下文信息、地域先验知识及周遭环境信息等。使用图像多特征信息进行联合目标检测的算法也得到了广泛的研究，多种不同特征与不同类型的目标检测算法结合形成了众多目标检测算法。理论和实验结果分析表明，如果能够选择合适的特征及联合规则，将会获得比仅使用单个特征进行目标检测更好的性能。但基于图像多特征及先验信息的目标检测算法涉及变量较多，计算复杂，不能够保证稳定的目标检测性能。

1.3　小结

在一个分辨单元内，SAR 接收到的实际目标回波是很多理想点目标回波的矢量和，导致实际目标的散射回波强度会在散射系数的基础上随机起伏，形成相干斑。相干斑噪声是 SAR 系统的固有特性。因此，相干斑抑制算法一直是 SAR 图像处理领域中的一个重要关注点。

SAR 具有全天候、全天时、不受天气影响等成像特点，目前已经成为人们对地观测的重要手段之一。SAR 图像目标检测旨在高效准确地对 SAR 图像中的目标进行分类和定位。利用 SAR 数据进行目标检测也是图像解译的重要研究方向之一。通过机载或星载 SAR，能够获得大量的高分辨率 SAR 图像，从 SAR 图像中检测目标有着广泛的应用前景。在军事领域，对特定目标进行位置检测有利于战术部署，提升国防预警能力；在民用邻域，对某些特定目标或区域进行检测有助于对其进行监测与管理。

习题

1.1 合成孔径雷达的成像原理是什么？

1.2 举例说明几种常见的成像模式。

1.3 合成孔径雷达图像相干斑的形成机理是什么？

1.4 什么是恒虚警率检测？

1.5 举例说明机器学习中几种常见的图像目标检测算法。

第 2 章
SAR 图像滤波的字典学习算法

超完备字典设计问题是信号稀疏表示建模中的研究热点之一。相比于传统的超完备字典设计方法，基于学习模式的超完备字典设计方法出现较晚，本身也随着稀疏表示理论的发展而不断发展。

字典学习是对已有的初始字典进行训练，使其更符合实际信号的特征，使得信号具有更稀疏、更准确的表示，因而引起了研究者的广泛关注。基于字典学习的稀疏表示理论在语音的增强、去噪、超分辨，以及图像的压缩、分离、修复、目标检测、识别等领域得到了广泛应用，并取得了较好的应用效果。基于字典学习的 SAR 图像相干斑抑制算法，其基本思想是利用原始 SAR 图像作为样本数据，通过学习的方式获得具有良好逼近特性的原子集合（字典），并利用稀疏优化算法重建降噪后的 SAR 图像数据。

本章所介绍的自适应超完备字典学习算法，其核心思想是基于聚类算法的向量量化进行字典原子的训练、更新。该类字典学习算法的实现过程是，将字典的构建过程与优化算法结合起来，用待分解的 SAR 图像来训练字典原子，择优选取，获得 SAR 图像特征信息的超完备字典和稀疏表示系数。

2.1 K-SVD 算法

2.1.1 基于聚类算法的向量量化原理

不失一般性，以 K 均值聚类算法为例，来解释聚类算法在信号向量量化中的应用，进而说明 K-SVD（K 均值奇异值分解）算法是 K 均值聚类向量量化算法进一步的扩展。

根据最近邻规则，一个包含 K 个码字（原子）的码本可以用来表示一簇向量（信号）：

$$X = \left\{X_k\right\}_{k=1}^{N}, \quad N \geq K \tag{2.1}$$

于是，所选定的码本可以用来压缩和表示 $\mathbb{R}^N$ 空间中以此码本为聚类中心的一簇 N 维向量。通过 K 均值聚类算法对码本进行训练，得到能有效表示一簇 N 维向量的码本。这一思想方法与本章所分析的问题密切相关。

定义 $\mathbb{R}^N$ 空间中向量的码本矩阵：

$$\boldsymbol{\psi} = [\boldsymbol{\psi}_1, \boldsymbol{\psi}_2, \cdots, \boldsymbol{\psi}_K] \tag{2.2}$$

式中，$\boldsymbol{\psi}_k \, (k=1,2,\cdots,K)$ 表示码字（原子）。于是，当码本矩阵 $\boldsymbol{\psi}$（超完备字典）给定时，$\mathbb{R}^N$ 空间中的任意 N 维向量都可由 $\boldsymbol{\psi}$ 在 ℓ^2 范数约束下进行表示，即

$$X_k = \boldsymbol{\psi}\boldsymbol{\alpha}_k \tag{2.3}$$

式中，$\boldsymbol{\alpha}_k = e_l$ 是单位向量，即 e_l 的第 l 个元素为 1，其余元素全为 0。指标 l 的选取过程可以描述为，对于 $\forall m \neq l$，有

$$\|X_k - \boldsymbol{\psi}e_l\|_2 \leqslant \|X_k - \boldsymbol{\psi}e_m\|_2 \tag{2.4}$$

于是，向量 X_k 可以由一个范数为 1 的原子及码本矩阵来重建。为了更精确地表述问题，考虑从均方误差（MSE）的角度来描述问题：

$$\varepsilon_k = \|X_k - \boldsymbol{\psi}\boldsymbol{\alpha}_l\|_2^2 \tag{2.5}$$

那么，总均方误差为

$$\varepsilon = \sum_{k=1}^{K} \varepsilon_k = \|X_k - \boldsymbol{\psi}\boldsymbol{\alpha}\|_F^2 \tag{2.6}$$

于是，对码本矩阵（字典）的学习过程就可以建模为如下稀疏优化问题：

$$\min_{\boldsymbol{\psi},\boldsymbol{\alpha}} \left\{ \|X_k - \boldsymbol{\psi}\boldsymbol{\alpha}\|_F^2 \right\} \text{ 满足对于 } \forall k，\exists l \text{ 使得 } \boldsymbol{\alpha}_k = e_l \tag{2.7}$$

事实上，运用 K 均值聚类算法，通过迭代方式可以实现对上述优化模型的求解，从而获得超完备字典 $\boldsymbol{\psi}$。

算法 2.1 K 均值聚类算法

步骤 1：选取数据空间中的 K 个对象 $\{\boldsymbol{\mu}_1, \boldsymbol{\mu}_2, \cdots, \boldsymbol{\mu}_K\}$ 作为初始中心，每个对象代表一个聚类中心。

步骤 2：对于样本中的数据对象 X_i，根据它们与这些聚类中心的欧氏距离，按距离最近的准则将它们分到距离它们最近的聚类中心（最相似）所对应的类中：

$$L_i = \arg\min_{1 \leq j \leq K} \left\| X_k - \boldsymbol{\mu}_j \right\|_2^2。$$

步骤 3：更新聚类中心，将每个类别 c_j 中所有对象所对应的均值 $\boldsymbol{\mu}_j$ 作为该类别的聚类中心：$\boldsymbol{\mu}_j = \dfrac{1}{|c_j|} \sum_{i \in c_j} X_i$。

步骤 4：计算目标函数 L_i 的值，判断聚类中心和目标函数的值是否发生改变，若不变，则输出结果；若改变，则返回步骤 2。

K 均值聚类算法的 Python 代码如下所示。

```python
class KMeans:
    def __init__(self, ndarray, cluster_num):
        self.ndarray = ndarray
        self.cluster_num = cluster_num
        self.points = self.__pick_start_point(ndarray, cluster_num)

    def cluster(self):
        result = []
        for i in range(self.cluster_num):
            result.append([])
        for item in self.ndarray:
            distance_min = sys.maxsize
            index = -1
            for i in range(len(self.points)):
                distance = self.__distance(item, self.points[i])
                if distance < distance_min:
                    distance_min = distance
                    index = i
            result[index] = result[index] + [item.tolist()]
        new_center = []
        for item in result:
            new_center.append(self.__center(item).tolist())
        if (self.points == new_center).all():
            sum=self.__sumdis(result)
            return result,self.points,sum
        self.points = np.array(new_center)
        return self.cluster()

    def __sumdis(self,result):
        sum=0
```

```
for i in range(len(self.points)):
    for j in range(len(result[i])):
        sum+=self.__distance(result[i][j],self.points[i])
    return sum

def __center(self, list):
    return np.array(list).mean(axis=0)

def __distance(self, p1, p2):
    tmp = 0
    for i in range(len(p1)):
        tmp +=pow(p1[i] - p2[i], 2)
    return pow(tmp, 0.5)

def __pick_start_point(self, ndarray, cluster_num):
    indexes = random.sample(np.arange(0, ndarray.shape[0],
        step=1).tolist(), cluster_num)
    points = []
    for index in indexes:
        points.append(ndarray[index].tolist())
    return np.array(points)
```

2.1.2　K-SVD 算法原理

建立在超完备字典基础上的稀疏表示具有较强的数据压缩能力，并且其稀疏性可以提供稳健的建模假设。相对于非自适应构造字典方法，自适应方法具有更好的逼近性能，下面讨论通过 K-SVD 算法实现数据信号的自适应超完备字典设计。K-SVD 算法本质是通过对回归模型中的拟合项进行多次奇异值分解（SVD），求得超完备字典的 K 个原子，通过正交匹配追踪（OMP）算法实现数据信号的稀疏表示。

将 SAR 图像 I 中 (i,j) 位置的 h 像素×h 像素图像的各列向量首尾相接排成 h^2 维列向量 v_{ij}，然后将 v_{ij}（$1 \leqslant i \leqslant M$，$1 \leqslant j \leqslant N$）组合成矩阵形式：

$$X = [v_{11}, v_{12}, \cdots, v_{21}, v_{22}, \cdots, v_{MN}] \tag{2.8}$$

设超完备字典为 ψ，信号集合 X 在超完备字典 ψ 下的稀疏表示系数集合为 α。字典学习和稀疏表示问题可以描述为如下回归模型：

$$\min_{\psi, \alpha} \left\{ \sum_{l=1}^{L} \left\| X^l - \psi \alpha^l \right\| \right\} \text{ 满足对于 } \forall l, \ \left\| \alpha^l \right\|_0 \leqslant K \tag{2.9}$$

式中，$\|\cdot\|_0$ 表示 ℓ^0 范数；$\boldsymbol{\alpha}^l$ 表示 $\boldsymbol{\alpha}$ 的第 l 列向量；K 是自然数，表示信号的稀疏度。

式（2.9）的拟合项可以表示为

$$
\begin{aligned}
& \min_{\boldsymbol{\psi},\boldsymbol{\alpha}}\left\{\sum_{l=1}^{L}\left\|\bar{\boldsymbol{X}}-(\boldsymbol{\alpha}\otimes\boldsymbol{\psi})\boldsymbol{e}\right\|_2^2\right\} \\
={} & \min_{\boldsymbol{\psi},\boldsymbol{\alpha}}\left\{\left\|\boldsymbol{X}-\sum_{j=1}^{K}\boldsymbol{\psi}^j\boldsymbol{\alpha}_j\right\|_F^2\right\} \\
={} & \min_{\boldsymbol{\psi},\boldsymbol{\alpha}}\left\{\left\|\left(\boldsymbol{X}-\sum_{j\neq k}^{K}\boldsymbol{\psi}^j\boldsymbol{\alpha}_j\right)-\boldsymbol{\psi}^k\boldsymbol{\alpha}_k\right\|_F^2\right\} \\
={} & \min_{\boldsymbol{\psi},\boldsymbol{\alpha}}\left\{\left\|\boldsymbol{\varepsilon}^{(k)}-\boldsymbol{\psi}^k\boldsymbol{\alpha}_k\right\|_F^2\right\}
\end{aligned}
\tag{2.10}
$$

式中，$\boldsymbol{\varepsilon}^{(k)}=\boldsymbol{X}-\sum_{j\neq k}^{K}\boldsymbol{\psi}^j\boldsymbol{\alpha}_j$；$\otimes$ 表示 Khatri-Rao 矩阵积；$\bar{\boldsymbol{X}}$ 表示将信号集合 $\boldsymbol{X}$ 中的各列向量首尾相接排成的列向量；$\boldsymbol{e}$ 表示元素全为1的列向量。K-SVD 算法依据式（2.10），迭代更新误差项 $\boldsymbol{\varepsilon}^{(k)}$ 获得信号集合 $\boldsymbol{X}$ 在优化意义下的超完备字典 $\boldsymbol{\psi}$ 和相应稀疏表示系数集合 $\boldsymbol{\alpha}$，从而实现 $\boldsymbol{X}$ 的稀疏表示。

算法 2.2　OMP 算法

步骤 1：输入矩阵 $\boldsymbol{A}$ 和向量 $\boldsymbol{b}$，以及所需挑选的变量个数 k。初始化残差 $\boldsymbol{r}_0=\boldsymbol{b}$，正交投影矩阵 $\boldsymbol{P}_0=0$，子空间 index 集合 $S=\varnothing$，复原信号 $x=0$。

步骤 2：计算 $i=\arg\max_i\left\{\left|\boldsymbol{A}_i^{\mathrm{T}}\boldsymbol{r}_k\right|\right\}$，将 i 放入集合 S 中，即 $S=S\cup\{i\}$，这里 $\boldsymbol{A}_i$ 为矩阵 $\boldsymbol{A}$ 的第 i 个列向量。

步骤 3：计算 $\boldsymbol{P}_k=\boldsymbol{A}_S\left(\boldsymbol{A}_S^{\mathrm{T}}\boldsymbol{A}_S\right)^{-1}\boldsymbol{A}_S^{\mathrm{T}}\boldsymbol{b}$，$\boldsymbol{r}_k=\boldsymbol{A}_S\left(\boldsymbol{I}_e-\boldsymbol{P}_k\right)\boldsymbol{b}$，其中 $\boldsymbol{I}_e$ 为单位矩阵。

步骤 4：重复 k 次步骤 2 和步骤 3。

步骤 5：计算 $\boldsymbol{X}_S=\left(\boldsymbol{A}_S^{\mathrm{T}}\boldsymbol{A}_S\right)^{-1}\boldsymbol{A}_S^{\mathrm{T}}\boldsymbol{b}$，得到 $\boldsymbol{X}$ 中相应位置为 S 的元素的值。

步骤 6：返回 $\boldsymbol{X}$。

OMP 算法的 MATLAB 代码如下所示。

```
function [x] = OMP(A,b,sparsity)
    index = []; k = 1; [Am, An] = size(A); r = b; x=zeros(An,1);
    cor = A'*r;
    while k <= sparsity
        [Rm,ind] = max(abs(cor));
        index = [index ind];
```

```
        P = A(:,index)*inv(A(:,index)'*A(:,index))*A(:,index)';
        r = (eye(Am)-P)*b; cor=A'*r;
        k=k+1;
    end
    xind = inv(A(:,index)'*A(:,index))*A(:,index)'*b;
    x(index) = xind;
end
```

算法 2.3　**K-SVD 算法**

　　步骤 1：选取冗余离散余弦变换矩阵作为初始字典 $\boldsymbol{\psi}^{(0)}$。

　　步骤 2：设 $t=1$，以迭代次数 T 和逼近误差 δ 设定停止迭代条件。

　　步骤 3：在 ℓ^2 范数意义下归一化超完备字典 $\boldsymbol{\psi}$ 的各原子。

　　步骤 4：用 OMP 算法计算信号集合 $\boldsymbol{X}$ 在超完备字典 $\boldsymbol{\psi}$ 下的稀疏表示系数集合 $\boldsymbol{\alpha}$，即求解如下优化问题：$\boldsymbol{X}^l \in \boldsymbol{X}$，$l=1,2,\cdots,L$，

$$\min_{\boldsymbol{\alpha}^l}\left\{\left\|\boldsymbol{X}^l - \boldsymbol{\psi}\boldsymbol{\alpha}^l\right\|_2^2\right\} \tag{2.11}$$

满足 $\left\|\boldsymbol{\alpha}^l\right\|_0 \leq K$，$\boldsymbol{X}^l$ 表示 $\boldsymbol{X}$ 的第 l 列向量，$\boldsymbol{\alpha}^l$ 表示 $\boldsymbol{\alpha}$ 的第 l 列向量。

　　步骤 5：对每一个 $k=1,2,\cdots,K$ 做循环迭代，其中，K 是 $\boldsymbol{X}$ 行向量的维数。

　　（1）定义指标集：

$$\Omega^{(k)} = \left\{l \middle| 1 \leq l \leq L, \alpha_k^l \neq 0\right\} \tag{2.12}$$

式中，α_k^l 表示 $\boldsymbol{\alpha}$ 的第 k 行向量 $\boldsymbol{\alpha}_k$ 的第 l 个元素。

　　（2）计算

$$\boldsymbol{\varepsilon}^{(k)} = \boldsymbol{\alpha} - \left(\boldsymbol{\psi}\boldsymbol{\alpha} - \boldsymbol{\psi}^k\boldsymbol{\alpha}_k\right) \tag{2.13}$$

式中，$\boldsymbol{\alpha}_k$ 表示 $\boldsymbol{\alpha}$ 的第 k 行向量；$\boldsymbol{\psi}^k$ 表示 $\boldsymbol{\psi}$ 的第 k 列向量。

　　（3）选取指标集 $\Omega^{(k)}$ 在 $\boldsymbol{\varepsilon}^{(k)}$ 中所对应的列，记作 $\boldsymbol{\varepsilon}_{\Omega^{(k)}}^{(k)}$。

　　（4）运用奇异值分解：$\boldsymbol{\varepsilon}_{\Omega^{(k)}}^{(k)} = \boldsymbol{U}\boldsymbol{\Lambda}\boldsymbol{V}$，更新 $\boldsymbol{\psi}^k = \boldsymbol{U}^1$ 和 $\boldsymbol{\alpha}_k = \Lambda_1^1\boldsymbol{V}^1$，$\boldsymbol{U}^1$ 表示 $\boldsymbol{U}$ 的第 1 列向量；$\boldsymbol{V}^1$ 表示 $\boldsymbol{V}$ 的第 1 列向量；Λ_1^1 表示 $\boldsymbol{\Lambda}$ 的第 1 行、第 1 列元素，即最大特征值。

　　步骤 6：令 $t=t+1$，重复步骤 3~5；若满足停止迭代条件，停止迭代后转到步骤 7。

　　步骤 7：执行步骤 3 和步骤 4，输出结果 $\boldsymbol{\psi}$ 和 $\boldsymbol{\alpha}$。

　　运用算法 2.3 就可以得到具有稀疏度 K 的信号集合 $\boldsymbol{X}$ 在超完备字典 $\boldsymbol{\psi}$ 下的稀疏表示系数集合 $\boldsymbol{\alpha}$。

K-SVD 算法的 MATLAB 代码如下所示。

```matlab
function [Dictionary,output] = KSVD(Data,param)
    if (~isfield(param,'displayProgress'))
        param.displayProgress = 0;
    end
    totalerr(1) = 99999;
    if (isfield(param,'errorFlag')==0)
        param.errorFlag = 0;
    end
    if (isfield(param,'TrueDictionary'))
        displayErrorWithTrueDictionary = 1;
        ErrorBetweenDictionaries = zeros(param.numIteration+1,1);
        ratio = zeros(param.numIteration+1,1);
    else
        displayErrorWithTrueDictionary = 0;
        ratio = 0;
    end
    if (param.preserveDCAtom>0)
        FixedDictionaryElement(1:size(Data,1),1) =
            1/sqrt(size(Data,1));
    else
        FixedDictionaryElement = [];
    end
    if (size(Data,2) < param.K)
        disp('Size of data is smaller than the dictionary size.
            Trivial solution...');
        Dictionary = Data(:,1:size(Data,2));
    return;
    elseif (strcmp(param.InitializationMethod,'DataElements'))
        Dictionary(:,1:param.K-param.preserveDCAtom) =
            Data(:,1:param.K-param.preserveDCAtom);
    elseif (strcmp(param.InitializationMethod,'GivenMatrix'))
        Dictionary(:,1:param.K-param.preserveDCAtom) = param.
            initialDictionary(:,1:param.K-param.preserveDCAtom);
    end
    if (param.preserveDCAtom)
        tmpMat = FixedDictionaryElement \ Dictionary;
        Dictionary = Dictionary - FixedDictionaryElement*tmpMat;
    end
    Dictionary =
        Dictionary*diag(1./sqrt(sum(Dictionary.*Dictionary)));
    Dictionary = Dictionary.*repmat(sign(Dictionary(1,:)),
```

```
    size(Dictionary,1),1);
totalErr = zeros(1,param.numIteration);

for iterNum = 1:param.numIteration
    if (param.errorFlag==0)
        CoefMatrix = OMP([FixedDictionaryElement,Dictionary],
            Data, param.L);
    else
        CoefMatrix = OMPerr([FixedDictionaryElement,Dictionary],
            Data, param.errorGoal);
        param.L = 1;
    end
    replacedVectorCounter = 0;
    rPerm = randperm(size(Dictionary,2));
    for j = rPerm
        [betterDictionaryElement,CoefMatrix,addedNewVector] =
            I_findBetterDictionaryElement(Data, ...
            [FixedDictionaryElement,Dictionary], ...
            j+size(FixedDictionaryElement,2),...
            CoefMatrix ,param.L);
        Dictionary(:,j) = betterDictionaryElement;
        if (param.preserveDCAtom)
            tmpCoef = FixedDictionaryElement\
                betterDictionaryElement;
            Dictionary(:,j) = betterDictionaryElement -
                FixedDictionaryElement*tmpCoef;
            Dictionary(:,j) = Dictionary(:,j)./
                sqrt(Dictionary(:,j)'*Dictionary(:,j));
        end
        replacedVectorCounter = replacedVectorCounter+
            addedNewVector;
    end
    if (iterNum>1 & param.displayProgress)
        if (param.errorFlag==0)
            output.totalerr(iterNum-1) = sqrt(sum(sum((Data-
                [FixedDictionaryElement,Dictionary]*
                CoefMatrix).^2))/prod(size(Data)));
            disp(['Iteration  ',num2str(iterNum),'  Total
                error is: ',num2str(output.totalerr(iterNum-1))]);
        else
            output.numCoef(iterNum-1) =
                length(find(CoefMatrix))/size(Data,2);
            disp(['Iteration  ',num2str(iterNum),'  Average
```

```
            number of coefficients: ',
            num2str(output.numCoef(iterNum-1))]);
      end
   end
   if (displayErrorWithTrueDictionary )
      [ratio(iterNum+1),ErrorBetweenDictionaries(iterNum+1)]
         = I_findDistanseBetweenDictionaries(
         param.TrueDictionary,Dictionary);
      disp(strcat(['Iteration ', num2str(iterNum),' ratio of
         restored elements: ',num2str(ratio(iterNum+1))]));
      output.ratio = ratio;
   end
   Dictionary = I_clearDictionary(Dictionary,CoefMatrix(size(
      FixedDictionaryElement,2)+1:end,:),Data);
   if (isfield(param,'waitBarHandle'))
      waitbar(iterNum/param.counterForWaitBar);
   end
end
output.CoefMatrix = CoefMatrix;
Dictionary = [FixedDictionaryElement,Dictionary];


function [betterDictionaryElement,CoefMatrix,NewVectorAdded] =
   I_findBetterDictionaryElement(Data,Dictionary,j,CoefMatrix,
   numCoefUsed)
   if (length(who('numCoefUsed'))==0)
      numCoefUsed = 1;
   end
   relevantDataIndices = find(CoefMatrix(j,:));
   if (length(relevantDataIndices)<1)
      ErrorMat = Data-Dictionary*CoefMatrix;
      ErrorNormVec = sum(ErrorMat.^2);
      [d,i] = max(ErrorNormVec);
      betterDictionaryElement = Data(:,i);
      betterDictionaryElement =
         betterDictionaryElement./sqrt(betterDictionaryElement'*
      betterDictionaryElement);
      betterDictionaryElement = betterDictionaryElement.*
         sign(betterDictionaryElement(1));
      CoefMatrix(j,:) = 0;
      NewVectorAdded = 1;
      return;
   end
```

```matlab
NewVectorAdded = 0;
tmpCoefMatrix = CoefMatrix(:,relevantDataIndices);
tmpCoefMatrix(j,:) = 0;
errors =(Data(:,relevantDataIndices) - Dictionary*tmpCoefMatrix);
[betterDictionaryElement,singularValue,betaVector] =
    svds(errors,1);
CoefMatrix(j,relevantDataIndices) = singularValue*betaVector';


function [ratio,totalDistances] =
    I_findDistanseBetweenDictionaries(original,new)
    catchCounter = 0;
    totalDistances = 0;
    for i = 1:size(new,2)
        new(:,i) = sign(new(1,i))*new(:,i);
    end
    for i = 1:size(original,2)
        d = sign(original(1,i))*original(:,i);
        distances =sum ( (new-repmat(d,1,size(new,2))).^2);
        [minValue,index] = min(distances);
        errorOfElement = 1-abs(new(:,index)'*d);
        totalDistances = totalDistances+errorOfElement;
        catchCounter = catchCounter+(errorOfElement<0.01);
    end
    ratio = 100*catchCounter/size(original,2);


function Dictionary = I_clearDictionary(Dictionary,CoefMatrix,Data)
    T2 = 0.99;
    T1 = 3;
    K=size(Dictionary,2);
    Er=sum((Data-Dictionary*CoefMatrix).^2,1);
    G=Dictionary'*Dictionary; G = G-diag(diag(G));
    for jj=1:1:K,
    if max(G(jj,:))>T2 | length(find(abs(CoefMatrix(jj,:))>1e-7))<=T1 ,
        [val,pos]=max(Er);
        Er(pos(1))=0;
        Dictionary(:,jj)=Data(:,pos(1))/norm(Data(:,pos(1)));
        G=Dictionary'*Dictionary; G = G-diag(diag(G));
    end;
    end;
```

```
function [blocks,idx] = my_im2col(I,blkSize,slidingDis);
    if (slidingDis==1)
        blocks = im2col(I,blkSize,'sliding');
        idx = [1:size(blocks,2)];
        return
    end
    idxMat = zeros(size(I)-blkSize+1);
    idxMat([[1:slidingDis:end-1],end],[[1:slidingDis:end-1],end]) =
        1;
    idx = find(idxMat);
    [rows,cols] = ind2sub(size(idxMat),idx);
    blocks = zeros(prod(blkSize),length(idx));
    for i = 1:length(idx)
        currBlock = I(rows(i):rows(i)+blkSize(1)-1,
            cols(i):cols(i)+blkSize(2)-1);
        blocks(:,i) = currBlock(:);
    end


function [A]=OMPerr(D,X,errorGoal);
    [n,P]=size(X);
    [n,K]=size(D);
    E2 = errorGoal^2*n;
    maxNumCoef = n/2;
    A = sparse(size(D,2),size(X,2));
    for k=1:1:P,
        a=[];
        x=X(:,k);
        residual=x;
        indx = [];
        a = [];
        currResNorm2 = sum(residual.^2);
        j = 0;
        while currResNorm2>E2 & j < maxNumCoef,
            j = j+1;
            proj=D'*residual;
            pos=find(abs(proj)==max(abs(proj)));
            pos=pos(1);
            indx(j)=pos;
            a=pinv(D(:,indx(1:j)))*x;
            residual=x-D(:,indx(1:j))*a;
            currResNorm2 = sum(residual.^2);
        end;
```

```
        if (length(indx)>0)
            A(indx,k)=a;
        end
    end;
    return;


function I = displayDictionaryElementsAsImage(D, numRows, numCols,X,Y,
    sortVarFlag)
    borderSize = 1;
    columnScanFlag = 1;
    strechEachVecFlag = 1;
    showImFlag = 1;
    if (length(who('X'))==0)
        X = 8;
        Y = 8;
    end
    if (length(who('sortVarFlag'))==0)
        sortVarFlag = 1;
    end
    numElems = size(D,2);
    if (length(who('numRows'))==0)
        numRows = floor(sqrt(numElems));
        numCols = numRows;
    end
    if (length(who('strechEachVecFlag'))==0)
        strechEachVecFlag = 0;
    end
    if (length(who('showImFlag'))==0)
        showImFlag = 1;
    end
    sizeForEachImage = sqrt(size(D,1))+borderSize;
    I = zeros(sizeForEachImage*numRows+borderSize,
        sizeForEachImage*numCols+borderSize,3);
    I(:,:,1) = 0;
    I(:,:,2) = 0;
    I(:,:,3) = 1;
    if (strechEachVecFlag)
        for counter = 1:size(D,2)
            D(:,counter) = D(:,counter)-min(D(:,counter));
            if (max(D(:,counter)))
                D(:,counter) = D(:,counter)./max(D(:,counter));
            end
```

```
        end
    end
    if (sortVarFlag)
        vars = var(D);
        [V,indices] = sort(vars');
        indices = fliplr(indices);
        D = [D(:,1:sortVarFlag-1),D(:,indices+sortVarFlag-1)];
        signs = sign(D(1,:));
        signs(find(signs==0)) = 1;
        D = D.*repmat(signs,size(D,1),1);
        D = D(:,1:numRows*numCols);
    end
    counter=1;
    for j = 1:numRows
        for i = 1:numCols
            I(borderSize+(j-1)*sizeForEachImage+1:j*
                sizeForEachImage,borderSize+(i-1)*
                sizeForEachImage+1:i*sizeForEachImage,1)=
                reshape(D(:,counter),X,Y);
            I(borderSize+(j-1)*sizeForEachImage+1:j*
                sizeForEachImage,borderSize+(i-1)*
                sizeForEachImage+1:i*sizeForEachImage,2)=
                reshape(D(:,counter),X,Y);
            I(borderSize+(j-1)*sizeForEachImage+1:j*
                sizeForEachImage,borderSize+(i-1)*
                sizeForEachImage+1:i*sizeForEachImage,3)=
                reshape(D(:,counter),X,Y);
            counter = counter+1;
        end
    end
    if (showImFlag)
        I = I-min(min(min(I)));
        I = I./max(max(max(I)));
        imshow(I,[]);
    end
```

2.1.3 SAR 图像相干斑抑制的 K-SVD 算法

当 SAR 图像系统的分辨单元小于目标的空间细节时，认为 SAR 图像中像素的退化是彼此独立的，相干斑噪声可以被建模为乘性噪声，即

$$I = N\hat{I} \tag{2.14}$$

式中，I 是获取的 SAR 图像；$\hat{I}$ 是场景分辨单元的平均强度；N 是相干斑噪声。所以，若记 I 同质区域的均值为 m_I，标准差为 σ_I，则有 N 的标准方差：

$$\sigma_N = \frac{\sigma_I}{m_I} \tag{2.15}$$

结合式（2.8），X 中的元素是 SAR 图像 I 各像素的局部邻域像素所构成的列向量，基于稀疏表示的 SAR 图像降噪模型可以表述为如下优化问题：

$$\min_{I,\psi,\alpha}\left\{\lambda\left\|I-\hat{I}\right\| + \sum_{ij}\left\|\alpha_{ij}\right\|_0 + \sum_{ij}\left\|\psi\alpha_{ij} - R_{ij}X\right\|_2^2\right\} \tag{2.16}$$

对式（2.16）进行优化求解是一个比较复杂的过程，这里将其分解为两个步骤进行处理，首先利用算法 2.3 获得超完备字典 ψ，通过 OMP 算法求解稀疏表示系数 $\hat{\alpha}_{ij}$。然后，求解如下优化问题：

$$\hat{X} = \min_{X}\left\{\lambda\left\|I-\hat{I}\right\| + \sum_{ij}\left\|\psi\alpha_{ij} - R_{ij}X\right\|_2^2\right\} \tag{2.17}$$

易知，式（2.17）有闭形式解：

$$\hat{X} = \left(\lambda\hat{I} + \sum_{ij}R_{ij}^{\mathrm{T}}R_{ij}\right)^{-1}\left(\lambda I + \sum_{ij}R_{ij}^{\mathrm{T}}\psi\hat{\alpha}_{ij}\right) \tag{2.18}$$

算法 2.4　**SAR 图像噪声抑制算法**

步骤 1：选取冗余离散余弦变换矩阵作为初始字典 $\psi^{(0)}$。

步骤 2：由 SAR 图像 I 各像素的局部邻域像素构成列向量集合 X_I。

步骤 3：运用算法 2.1 获得超完备字典 ψ 和稀疏表示系数集合 α。

步骤 4：运用式（2.18）计算降噪后的 SAR 图像 $\hat{I}$。

抑制噪声的 K-SVD 算法的 MATLAB 代码如下所示。

```
clc;
clear
bb=8;
RR=4;
K=RR*bb^2;
sigma = 25;
pathForImages ='';
imageName = 'image.png';
```

```
[IMin0,pp]=imread(strcat([pathForImages,imageName]));
IMin0=im2double(IMin0);
if (length(size(IMin0))>2)
    IMin0 = rgb2gray(IMin0);
end
if (max(IMin0(:))<2)
    IMin0 = IMin0*255;
end
IMin=IMin0+sigma*randn(size(IMin0));
PSNRIn = 20*log10(255/sqrt(mean((IMin(:)-IMin0(:)).^2)));
[IoutAdaptive,output] = denoiseImageKSVD(IMin, sigma,K);
PSNROut = 20*log10(255/sqrt(mean((IoutAdaptive(:)-IMin0(:)).^2)));
figure;
subplot(1,3,1); imshow(IMin0,[]); title('Original clean image');
subplot(1,3,2); imshow(IMin,[]); title(strcat(['Noisy image, ',
    num2str(PSNRIn),'dB']));
subplot(1,3,3); imshow(IoutAdaptive,[]); title(strcat(['Clean Image
    by Adaptive dictionary, ',num2str(PSNROut),'dB']));
figure;
I = displayDictionaryElementsAsImage(output.D, floor(sqrt(K)),
    floor(size(output.D,2)/floor(sqrt(K))),bb,bb);
title('The dictionary trained on patches from the noisy image');


function [IOut,output] = denoiseImageKSVD(Image,sigma,K,varargin)
    reduceDC = 1;
    [NN1,NN2] = size(Image);
    waitBarOn = 1;
    if (sigma > 5)
        numIterOfKsvd = 10;
    else
        numIterOfKsvd = 5;
    end
    C = 1.15;
    maxBlocksToConsider = 260000;
    slidingDis = 1;
    bb = 8;
    maxNumBlocksToTrainOn = 65000;
    displayFlag = 1;
    for argI = 1:2:length(varargin)
        if (strcmp(varargin{argI}, 'slidingFactor'))
            slidingDis = varargin{argI+1};
        end
```

```
        if (strcmp(varargin{argI}, 'errorFactor'))
            C = varargin{argI+1};
        end
        if (strcmp(varargin{argI}, 'maxBlocksToConsider'))
            maxBlocksToConsider = varargin{argI+1};
        end
        if (strcmp(varargin{argI}, 'numKSVDIters'))
            numIterOfKsvd = varargin{argI+1};
        end
        if (strcmp(varargin{argI}, 'blockSize'))
            bb = varargin{argI+1};
        end
        if (strcmp(varargin{argI}, 'maxNumBlocksToTrainOn'))
            maxNumBlocksToTrainOn = varargin{argI+1};
        end
        if (strcmp(varargin{argI}, 'displayFlag'))
            displayFlag = varargin{argI+1};
        end
        if (strcmp(varargin{argI}, 'waitBarOn'))
            waitBarOn = varargin{argI+1};
        end
    end
if (sigma <= 5)
    numIterOfKsvd = 5;
end
if(prod([NN1,NN2]-bb+1)> maxNumBlocksToTrainOn)
    randPermutation =  randperm(prod([NN1,NN2]-bb+1));
    selectedBlocks = randPermutation(1:maxNumBlocksToTrainOn);
    blkMatrix = zeros(bb^2,maxNumBlocksToTrainOn);
    for i = 1:maxNumBlocksToTrainOn
        [row,col] = ind2sub(size(Image)-bb+1,selectedBlocks(i));
        currBlock = Image(row:row+bb-1,col:col+bb-1);
        blkMatrix(:,i) = currBlock(:);
    end
else
    blkMatrix = im2col(Image,[bb,bb],'sliding');
end
param.K = K;
param.numIteration = numIterOfKsvd;
param.errorFlag = 1;
param.errorGoal = sigma*C;
param.preserveDCAtom = 0;
Pn=ceil(sqrt(K));
```

```
DCT=zeros(bb,Pn);
for k=0:1:Pn-1,
    V=cos([0:1:bb-1]'*k*pi/Pn);
if k>0, V=V-mean(V); end;
    DCT(:,k+1)=V/norm(V);
end;
DCT=kron(DCT,DCT);
param.initialDictionary = DCT(:,1:param.K );
param.InitializationMethod =  'GivenMatrix';
if (reduceDC)
    vecOfMeans = mean(blkMatrix);
    blkMatrix = blkMatrix-ones(size(blkMatrix,1),1)*vecOfMeans;
end
if (waitBarOn)
    counterForWaitBar = param.numIteration+1;
    h = waitbar(0,'Denoising In Process ...');
    param.waitBarHandle = h;
    param.counterForWaitBar = counterForWaitBar;
end
param.displayProgress = displayFlag;
[Dictionary,output] = KSVD(blkMatrix,param);
output.D = Dictionary;
if (displayFlag)
    disp('finished Trainning dictionary');
end
errT = sigma*C;
IMout=zeros(NN1,NN2);
Weight=zeros(NN1,NN2);
while (prod(floor((size(Image)-bb)/slidingDis)+1)>
    maxBlocksToConsider)
    slidingDis = slidingDis+1;
end
[blocks,idx] = my_im2col(Image,[bb,bb],slidingDis);
if (waitBarOn)
    newCounterForWaitBar = (param.numIteration+1)*size(blocks,2);
end
for jj = 1:30000:size(blocks,2)
    if (waitBarOn)
        waitbar(((param.numIteration*size(blocks,2))+
        jj)/newCounterForWaitBar);
    end
```

```
    jumpSize = min(jj+30000-1,size(blocks,2));
    if (reduceDC)
        vecOfMeans = mean(blocks(:,jj:jumpSize));
        blocks(:,jj:jumpSize) = blocks(:,jj:jumpSize) -
            repmat(vecOfMeans,size(blocks,1),1);
    end
    Coefs = OMPerr(Dictionary,blocks(:,jj:jumpSize),errT);
    if (reduceDC)
        blocks(:,jj:jumpSize)= Dictionary*Coefs +
            ones(size(blocks,1),1) * vecOfMeans;
    else
        blocks(:,jj:jumpSize)= Dictionary*Coefs;
    end
end
count = 1;
Weight = zeros(NN1,NN2);
IMout = zeros(NN1,NN2);
[rows,cols] = ind2sub(size(Image)-bb+1,idx);
for i = 1:length(cols)
    col = cols(i); row = rows(i);
    block =reshape(blocks(:,count),[bb,bb]);
    IMout(row:row+bb-1,col:col+bb-1)=
        IMout(row:row+bb-1,col:col+bb-1)+block;
    Weight(row:row+bb-1,col:col+bb-1)=
        Weight(row:row+bb-1,col:col+bb-1)+ones(bb);
    count = count+1;
end;
if (waitBarOn)
    close(h);
end
IOut = (Image+0.034*sigma*IMout)./(1+0.034*sigma*Weight);
```

2.1.4　实验结果及分析

算法 2.4 中的各项参数选取：字典原子个数 $k=256$，滑动窗口大小的 $h=8$ 像素，因子参数 $\lambda=30/\sigma_N$，冗余因子 $r=4$。SAR 图像降噪系统基于 MATLAB 平台开发。选取一组实测 SAR 图像，如图 2.1（a）所示。SAR 图像相干斑抑制结果如图 2.1（b）所示。

以图 2.1（a）所示图像作为输入数据，应用算法 2.3 得到相应的超完备字典，如图 2.2 所示。

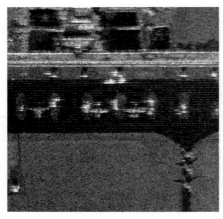 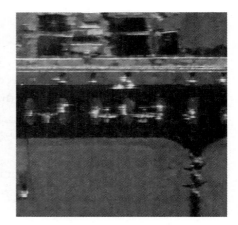

（a）SAR 图像   （b）SAR 图像相干斑抑制结果

图 2.1　K-SVD 算法 SAR 图像相干斑抑制

图 2.2 彩图

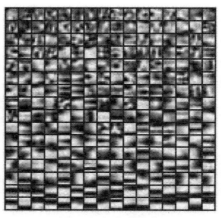

图 2.2　超完备字典

　　通过 K-SVD 算法可以发现，此类相干斑抑制算法所追求的目标是更为强大的噪声抑制性能，在一定方面忽视了计算复杂度问题，然而，在处理大量的 SAR 图像数据时，通常对相干斑抑制性能的要求和对计算速度的要求同等重要，有时对计算速度的要求会更高。K-LLD（K 均值局部学习字典）算法在一定程度上克服了 K-SVD 算法相干斑抑制的执行效率问题，但对于富含相干斑的 SAR 图像，K-LLD 算法也表现出了自身的不足之处。

2.2　K-LLD 算法

2.2.1　Steering 核回归

　　核回归（Kernel Regression）算法在统计学和信号处理领域都得到了比较充分的应用。近些年，该算法被用于图像相干斑抑制、插值和去模糊等领域，取得了比较好的效果。在图像相干斑抑制的分析中，核回归算法往往将问题归结为一个核回归方程。相比于同类算法，Steering 核回归算法以其能够自适应地调整局部回归权重受到了较为广泛的关注。

在 Steering 核回归算法中，回归权重通常作为一组像素与所考虑的一个像素或邻域之间的测度，这些测度信息被用来确定标准核的形状和大小。这里，考虑高斯核：

$$\omega_{ij} = \frac{\sqrt{\det\left(\boldsymbol{\Sigma}_j\right)}}{2\pi h^2}\exp\left\{\frac{\left(\boldsymbol{x}_i - \boldsymbol{x}_j\right)^{\mathrm{T}}\boldsymbol{\Sigma}_j\left(\boldsymbol{x}_i - \boldsymbol{x}_j\right)}{2h^2}\right\} \tag{2.19}$$

式中，ω_{ij} 表示第 i 个像素和第 j 个像素的相似性测度；$\boldsymbol{x}_i, \boldsymbol{x}_j \in \mathbb{R}^2$ 分别表示第 i 个像素和第 j 个像素的位置；h 表示高斯函数的平滑参数；$\boldsymbol{\Sigma}_j$ 表示第 j 个像素的梯度协方差矩阵。对 $\boldsymbol{\Sigma}_j$ 进行奇异值分解，形式如下：

$$\boldsymbol{\Sigma}_j = \lambda_j \boldsymbol{U}_{\theta_j}\boldsymbol{\Lambda}_j\boldsymbol{U}_{\theta_j}^{\mathrm{T}} \tag{2.20}$$

式中，λ_j 表示尺度因子；θ_j 表示高斯核的方向。令

$$\varpi = \left\{\cdots, \omega_{ij}, \cdots\right\}, \qquad j \in V(i) \tag{2.21}$$

式中，$V(i)$ 表示第 i 个像素的邻域。接下来，将 SAR 图像 $\boldsymbol{I}$ 分解为一系列相互重叠的图像块，将第 i 个图像块 $\boldsymbol{I}_i$ 建模为

$$\ln \boldsymbol{I}_i = \ln \hat{\boldsymbol{I}}_i + \ln \boldsymbol{N}_i \tag{2.22}$$

式中，$\ln \boldsymbol{I}_i$、$\ln \hat{\boldsymbol{I}}_i$ 和 $\ln \boldsymbol{N}_i$ 表示对各图像块中的像素取对数；$\boldsymbol{I}_i$ 表示原图像块 $\hat{\boldsymbol{I}}_i$ 含有噪声 $\boldsymbol{N}_i$ 的图像块。根据局部多项式方法，可以将此模型写为

$$\ln \boldsymbol{I}_i = \boldsymbol{\psi}_i \boldsymbol{\alpha}_i + \ln \boldsymbol{N}_i \tag{2.23}$$

式中，$\boldsymbol{\alpha}_i$ 是系数向量，超完备字典 $\boldsymbol{\psi}_i$ 定义为

$$\boldsymbol{\psi}_i = \begin{bmatrix} 1 & \left(\boldsymbol{x}_i - \boldsymbol{x}_j\right) & \mathrm{vech}^{\mathrm{T}}\left\{\left(\boldsymbol{x}_i - \boldsymbol{x}_j\right)\left(\boldsymbol{x}_i - \boldsymbol{x}_j\right)^{\mathrm{T}}\right\} & \cdots \\ & & \vdots & \end{bmatrix} \tag{2.24}$$

这里，若将第 i、j 个像素位置 $\boldsymbol{x}_i$、$\boldsymbol{x}_j$ 定义为 $\left(x_{1i}, x_{2i}\right)$、$\left(x_{1j}, x_{2j}\right)$，即 $\boldsymbol{x}_i = \left(x_{1i}, x_{2i}\right)$ 和 $\boldsymbol{x}_j = \left(x_{1j}, x_{2j}\right)$，则有

$$\mathrm{vech}\left\{\left(\boldsymbol{x}_i - \boldsymbol{x}_j\right)\left(\boldsymbol{x}_i - \boldsymbol{x}_j\right)^{\mathrm{T}}\right\}$$

$$= \operatorname{vech}\left\{\begin{bmatrix} \left(x_{1i}-x_{1j}\right)^2 & \left(x_{1i}-x_{1j}\right)\left(x_{2i}-x_{2j}\right) \\ \left(x_{1i}-x_{1j}\right)\left(x_{2i}-x_{2j}\right) & \left(x_{2i}-x_{2j}\right)^2 \end{bmatrix}\right\}$$

$$= \left[\left(x_{1i}-x_{1j}\right)^2 \quad \left(x_{1i}-x_{1j}\right)\left(x_{2i}-x_{2j}\right) \quad \left(x_{2i}-x_{2j}\right)^2\right]^{\mathrm{T}} \tag{2.25}$$

于是，对第 i 个像素考虑多项式回归模型，得到如下优化问题：

$$\hat{\boldsymbol{\alpha}}_i = \underset{\boldsymbol{\alpha}_i}{\arg\min}\left\{\left(\ln \boldsymbol{I}_i - \boldsymbol{\psi}_i \boldsymbol{\alpha}_i\right)^{\mathrm{T}} \boldsymbol{\Sigma}_i \left(\ln \boldsymbol{I}_i - \boldsymbol{\psi}_i \boldsymbol{\alpha}_i\right)\right\} \tag{2.26}$$

式中，$\boldsymbol{\Sigma}_i = \operatorname{diag}(\boldsymbol{\varpi}_i)$，$\operatorname{diag}(\bullet)$ 表示向量对角化算子。易知，上述优化问题有闭形式解：

$$\hat{\boldsymbol{\alpha}}_i = \operatorname{pinv}\left(\boldsymbol{\psi}_i^{\mathrm{T}} \boldsymbol{\Sigma}_i \boldsymbol{\psi}_i\right) \boldsymbol{\psi}_i^{\mathrm{T}} \boldsymbol{\Sigma}_i \ln \boldsymbol{I} \tag{2.27}$$

式中，$\operatorname{pinv}(\bullet)$ 表示广义逆算子。

综上所述，利用 Steering 核回归算法可以将图像相干斑抑制问题转化为一个多项式回归问题来求解，通过获得变换系数向量，从而得到相干斑抑制后的图像。

2.2.2　K-LLD 算法原理

K-LLD 算法是为了克服 Steering 核回归算法的字典固定和多项式逼近阶数不变这两点不足而提出的字典设计算法。K-LLD 算法由三个主要步骤组成：聚类、字典学习和系数计算。

算法 2.5　K-LLD 算法

步骤 1：通过迭代寻优方式将图像 $\hat{\boldsymbol{\alpha}}_{ij}$ 划分为 K 个连续区域 Ω_k，$k=1,2,\cdots,K$。

（1）将第 i 个像素的特征向量定义为

$$\hat{\boldsymbol{\varpi}}_i = \frac{\boldsymbol{\varpi}_i}{\sum_j \omega_{ij}} \tag{2.28}$$

（2）依据图像 $\ln \boldsymbol{I}_i$ 的第 i 个像素特征向量，利用 K 均值聚类算法将图像 $\ln \boldsymbol{I}_i$ 划分为 K 个连续区域 Ω_k，$k=1,2,\cdots,K$，即

$$\ln \boldsymbol{I}_i = \bigcup_{k=1}^{K}\left\{\ln \boldsymbol{I}_i \mid i \in \Omega_k\right\} \tag{2.29}$$

（3）不断重复利用 K 均值聚类算法，最小化如下优化问题：

$$J = \sum_{k=1}^{K} \sum_{i \in \Omega_k} \left\| \hat{\boldsymbol{\varpi}}_i - \overline{\boldsymbol{\varpi}}^{(k)} \right\|^2 \tag{2.30}$$

式中，$\overline{\boldsymbol{\varpi}}^{(k)}$ 是连续区域 Ω_k 像素的均值。

　　步骤 2：由步骤 1 获取聚类中心后，最小化如下优化问题：

$$\sum_{i \in \Omega_k} \left\| \ln \hat{\boldsymbol{I}}_i - \ln \boldsymbol{I}_i \right\|^2 = \sum_{i \in \Omega_k} \left\| \left(\ln \overline{\boldsymbol{I}}^{(k)} + \boldsymbol{\psi}^{(k)} \boldsymbol{\alpha}_i \right) - \ln \boldsymbol{I}_i \right\|^2 \tag{2.31}$$

获得相应于指标集合 Ω_k 中图像块的最优超完备字典 $\boldsymbol{\psi}^{(k)}$ 和系数 $\boldsymbol{\alpha}_i$。这里，$\ln \overline{\boldsymbol{I}}^{(k)}$ 是像素集 $\ln \boldsymbol{I}^{(k)} = \left\{ \ln \boldsymbol{I}_i \middle| i \in \Omega_k \right\}$ 的均值向量。对超完备字典 $\boldsymbol{\psi}^{(k)}$ 采取逐个原子更新的方式进行优化，于是将式（2.31）改写为如下形式：

$$\begin{aligned} &\sum_{i \in \Omega_k} \left\| \ln \boldsymbol{I}_i - \ln \overline{\boldsymbol{I}}^{(k)} - \boldsymbol{\psi}^{(k)} \boldsymbol{\alpha}_i \right\|^2 \\ &= \sum_{i \in \Omega_k} \left\| \left(\ln \boldsymbol{I}_i - \ln \overline{\boldsymbol{I}}^{(k)} \right) - \boldsymbol{\psi}_{(1)}^{(k)} \boldsymbol{\alpha}_{(1)i} - \boldsymbol{\psi}_{(2)}^{(k)} \boldsymbol{\alpha}_{(2)i} - \cdots \right\|^2 \\ &= \sum_{i \in \Omega_k} \left\| \ln \tilde{\boldsymbol{I}}_i^{(k)} - \boldsymbol{\psi}_{(1)}^{(k)} \boldsymbol{\alpha}_{(1)i} - \boldsymbol{\psi}_{(2)}^{(k)} \boldsymbol{\alpha}_{(2)i} - \cdots \right\|^2 \end{aligned} \tag{2.32}$$

式中，$\ln \tilde{\boldsymbol{I}}_i^{(k)} = \ln \boldsymbol{I}_i - \ln \overline{\boldsymbol{I}}^{(k)}$。

　　步骤 3：通过局部核回归算法求解式（2.32）中的系数向量 $\boldsymbol{\alpha}_i$，即

$$\hat{\boldsymbol{\alpha}}_i = \left(\hat{\boldsymbol{\psi}}^{(k)\mathrm{T}} \boldsymbol{\Sigma}_i \hat{\boldsymbol{\psi}}^{(k)} \right) \hat{\boldsymbol{\psi}}^{(k)\mathrm{T}} \boldsymbol{\Sigma}_i \ln \hat{\boldsymbol{I}}_i^{(k)} \tag{2.33}$$

于是，重建目标图像块：

$$\ln \hat{\boldsymbol{I}}_i = \ln \overline{\boldsymbol{I}}^{(k)} + \hat{\boldsymbol{\psi}}^{(k)} \hat{\boldsymbol{\alpha}}_i, \quad \text{对于} \ \forall i \in \Omega_k \tag{2.34}$$

　　K-LLD 算法的 MATLAB 代码如下所示。

```
function out = klld_osa(img,y,sigma,K,h,gamma,max_iter,verbal)
    Stmp = 15;
    Ktmp = 5;
    htmp = 2.8;
    Gtmp = 15;
    ksize = 5*ones(K+1,1);
    max_ksize = 21;
    max_iter = 10;
    if(~exist('verbal','var'))
        verbal = 0;
```

```
end
if(~exist('y','var') || isempty(y))
if(~exist('sigma','var'))
        sigma = Stmp;
end
    y = addWGN(img,sigma,0);
end
y = double(y);
if(~exist('K','var'))
    K = Ktmp;
end
if(~exist('h','var'))
    h = htmp;
end
if(~exist('gamma','var'))
    gamma = Gtmp;
end
clear StmpKtmpPtmphtmpGtmp;
if(exist('out','var'))
    clear out;
end
if(~isempty(img))
    I = img(:);
end
 z = y;
[N M] = size(z);
 Yv = y(:);
 emse = (sigma^2)*ones(N*M,1);
for iter =1:max_iter
    tmp = zeros(N*M,1);
    Z = z(:); Out = Z;
   Wv2 = getSKRWeights(z,max_ksize,h);
    if(verbal)
       display 'Weights formed';
    end
    Wv = myRescale(Wv2,max_ksize,ksize(K+1));
    [wsz sz] = size(Wv);
    if(K==1)
        idx = ones(sz,1);
    elseif(iter==1)
        [idx C] = kmeans((Wv./repmat(sum(Wv),[size(Wv,1) 1]))',
            K, 'rep', 3);
    else
```

```
    [idx C] = kmeans((Wv./repmat(sum(Wv),[size(Wv,1) 1]))',
        K, 'start',C,'EmptyAction', 'singleton');
end
if(verbal)
    display 'Clusters formed';
end
avg_var = (sigma^2)*ones(K,1);
ksize(1:K) = ksize(K+1);
lmse = 255*ones(N*M,1);
old_lmse = lmse;
unchanged = 0;
if(exist('clust','var'))
    clear clust;
end
for k=1:K
    lst = find(idx == k);
    csz = size(lst,1);
    if(csz==1)
        if(verbal)
            display 'Too few members, moving class';
        end
        idx(lst) = idx(lst) + 1;
        continue;
    end
    exit_flag = 0;
    while(ksize(k)<= max_ksize)
        rad = (ksize(k)-1)/2;
        Wv = myRescale(Wv2(:,lst),max_ksize,ksize(k));
        wsz = size(Wv,1);
        Y = im2col(padarray(y,[rad rad],'symmetric'),[ksize(k)
            ksize(k)],'sliding');
    Z2 =im2col(padarray(z,[rad rad],'symmetric'),[ksize(k)
        ksize(k)],'sliding');
        zmn = mean(Y(:,lst),2);
        D = DictLearn(Z2(:,lst), Wv, sigma, gamma);
        for i=1:csz
            j = lst(i);
            Dw = D.*repmat(Wv(:,i),[1 size(D,2)]);
            A = inv(D' * Dw) * (Dw');
            V = D((wsz+1)/2,:)*A;
            tmp(j) = zmn((wsz+1)/2) + V*(Y(:,j) - zmn);
            lmse(j) = (tmp(j) - Yv(j))^2 +
                2*(sigma^2)*(V(1,(wsz+1)/2));
```

```
        end
    lmse(lst) = lmse(lst) - sigma^2;
    avg_lmse = sum(lmse(lst))/csz;
    if(~isempty(img) && verbal)
        display(strcat('Actual MSE +',num2str(sum((tmp(lst) -
            I(lst)).^2)/csz),' , SURE +',
            num2str(avg_lmse)));
    end
    if(avg_lmse < avg_var(k))
        Z(lst) = tmp(lst);
        avg_var(k) = avg_lmse;
        old_lmse(lst) = lmse(lst);
        if(exit_flag == 1 || ksize(k)>=(max_ksize-2))
            break;
        else
            ksize(k) = ksize(k) + 4;
        end
        if(verbal)
            display(strcat('increase ksize for cluster
                ',num2str(k),' ksize:
                ',num2str(ksize(k))));
        end
    else
        ksize(k) = ksize(k) - 2;
        lmse(lst) = old_lmse(lst);
        if(verbal)
            display(strcat('decrease ksize for cluster
                ',num2str(k),' ksize:
                ',num2str(ksize(k))));
        end
        if(exit_flag == 1)
            if(verbal)
                display('Optimal ksize found');
            end
            break;
        else
            exit_flag = 1;
        end
    end
end
avg_emse = sum(emse(lst))/csz;
if(avg_emse < avg_var(k))
    Z(lst) = Out(lst);
```

```
                avg_var(k) = avg_emse;
                unchanged = unchanged + 1;
                if(verbal)
                    display(strcat('Unchanged :
                        ',num2str(unchanged)));
                end
            else
                emse(lst) = lmse(lst);
            end
            if(verbal)
                display('======');
            end
        end
        z = reshape(Z,[N M]);
        out(:,:,iter) = z;
        figure; imagesc(z); colormap gray; axis image;
        if(~isempty(img))
            mse(iter) = sum((z(:) - img(:)).^2)/sz;
            [ssim s] = ssim_index(img, z);
            if(verbal)
                mse
                ssim
            end
            title(num2str(mse(iter)));
        end
        if(unchanged == K)
            if(verbal)
                display 'Optimal result formed';
            end
            break;
        end
    end
end


function W = myRescale(Wv, oksz, ksz)
    Wt = zeros(oksz,oksz);
    cen = (oksz + 1)/2;
    rad = (ksz - 1)/2;
    Wt(cen-rad:cen+rad,cen-rad:cen+rad) = ones(ksz,ksz);
    Wt = Wt(:);
    W = Wv(find(Wt == 1),:);
end
```

```
function D = DictLearn(Z_Data, Wts, sigma, gamma)
    [D S L] = princomp(Z_Data', 'econ');
    [wsz xy] = size(D);
    perc = L./sum(L);
    P = 1 - (2.5*wsz*sigma^2)/sum(L);
    for comp = 2:xy
        perc(comp) = perc(comp) + perc(comp-1);
    end
    D2 = D(:,find(perc<=P));
    D = D(:,1:max(1,size(D2,2)));
    clear D2;
    csz = size(Z_Data,2);
    rsamp = randsample(csz,25);
    for rs=1:size(rsamp,1)
        c = zeros(size(D,2),1);
        [u s v] = svd(D'*(D.*repmat(Wts(:,rsamp(rs)),[1 size(D,2)])),0);
        c = c + s(1)./diag(s);
    end
    c = c./25;
    D2 = D(:,find(c<=gamma));
    D = D(:,1:max(1, size(D2,2))); clear D2;
end


function [z, zx1, zx2] = ckr2reg(y, h, ksize)
    [N, M] = size(y);
    z = zeros(N, M);
    zx1 = zeros(N, M);
    zx2 = zeros(N, M);
    radius = (ksize - 1) / 2;
    [xx2, xx1] = meshgrid(-radius:radius, -radius:radius);
    A = zeros(3, ksize^2);
    Xx = [ones(ksize^2,1), xx1(:), xx2(:)];
    tt = xx1.^2 + xx2.^2;
    W = exp(-(0.5/h^2) * tt);
    Xw = Xx.*repmat(W(:),[1 size(Xx,2)]);
    A = inv(Xx.' * Xw) * (Xw.');
    y = padarray(y, [radius, radius], 'symmetric');
    for n = 1 : N
      for m = 1 : M
        yp = y(n:n+ksize-1, m:m+ksize-1);
```

```
                z(n,m)   = A(1,:)  *  yp(:);
                zx1(n,m) = A(2,:)  *  yp(:);
                zx2(n,m) = A(3,:)  *  yp(:);
            end
        end


function D = DictLearn(Z_Data, Wts, sigma, gamma)
    [D S L] = princomp(Z_Data', 'econ');
    [wsz xy] = size(D);
    perc = L./sum(L);
    P = 1 - (2.5*wsz*sigma^2)/sum(L);
    for comp = 2:xy
        perc(comp) = perc(comp) + perc(comp-1);
    end
    D2 = D(:,find(perc<=P));
    D = D(:,1:max(1,size(D2,2)));
    clear D2;
    csz = size(Z_Data,2);
    rsamp = randsample(csz,25);
    for rs=1:size(rsamp,1)
        c = zeros(size(D,2),1);
        [u s v] = svd(D'*(D.*repmat(Wts(:,rsamp(rs)),[1 size(D,2)])),0);
        c = c + s(1)./diag(s);
    end
    c = c./25;
    D2 = D(:,find(c<=gamma));
    D = D(:,1:max(1, size(D2,2))); clear D2;
end


function [h_opt z_e] = getBestKLLDParam(img,y,h,sigma,K)
    if(~exist('y','var'))
        y = img + sigma*randn(size(img));
    end
    hsz = size(h(:),1);
    mse_est = zeros(9,1);
    for i=1:hsz
        z_e = klld_osa(img,y,sigma,K,h(i));
        z_e = z_e(:,:,end);
        mse_est(i) = mean((z_e(:) - img(:)).^2);
        close all;
    if(i>1 && mse_est(i) > mse_est(i-1))
```

```
            mse_opt = mse_est(i-1);
            h_opt = h(i-1);
            break;
        else
            h_opt = h(i);
            mse_opt = mse_est(i);
        end
    end
    if(h_opt == h(hsz))
        display 'Possibility of out of range param';
        mse_est
    else
        display 'Optimal param found';
        mse_est
        h_opt
    end
end


function W = getSKRWeights(img, wsize, h)
    [N,M] = size(img);
    ksize = 11;
    win = (ksize-1)/2;
    img1 = padarray(img,[win win],'symmetric');
    [zc, zx, zy] = ckr2reg(img1, 0.5,5);
    K = fspecial('disk', win);
    K = K ./ K(win+1, win+1);
    len = sum(K(:));
    lambda = 1;
    alpha = .5;
    for j = 1 : M
    for i = 1 : N
            gx = zx(i:i+ksize-1, j:j+ksize-1).* K;
            gy = zy(i:i+ksize-1, j:j+ksize-1).* K;
            G = [gx(:), gy(:)];
            [u s v] = svd(G);
            S(1) = (s(1,1) + lambda) / (s(2,2) + lambda);
            S(2) = (s(2,2) + lambda) / (s(1,1) + lambda);
            tmp = (S(1) * v(:,1) * v(:,1).' + S(2) * v(:,2) *
                v(:,2).') *
                ((s(1,1) * s(2,2) + 0.0000001) /
                len)^alpha;
            C11(i,j) = tmp(1,1);
```

```
            C12(i,j) = tmp(1,2);
            C22(i,j) = tmp(2,2);
            sq_detC(i,j) = sqrt(det(tmp));
        end
    end
win = (wsize-1)/2;
[x2,x1] = meshgrid(-win:win,-win:win);
C11 = padarray(C11,[win win],'symmetric');
C12 = padarray(C12,[win win],'symmetric');
C22 = padarray(C22,[win win],'symmetric');
sq_detC = padarray(sq_detC,[win win],'symmetric');
W = zeros(wsize^2, N*M);
k = 1;
for m = 1 : M
    for n = 1 : N
        tt = x1 .* (C11(n:n+wsize-1, m:m+wsize-1) .* x1...
            + C12(n:n+wsize-1, m:m+wsize-1) .* x2)...
            + x2 .* (C12(n:n+wsize-1, m:m+wsize-1) .* x1...
            + C22(n:n+wsize-1, m:m+wsize-1) .* x2);
        W(:,k) = reshape(exp(-(0.5/h^2) * tt) .*
            sq_detC(n:n+wsize-1,
            m:m+wsize-1),[wsize^2 1]);
        k = k+1;
    end
end


function [mssim, ssim_map] = ssim_index(img1, img2, K, window, L)
    if (nargin < 2 | nargin > 5)
        mssim = -Inf;
        ssim_map = -Inf;
        return;
    end
    if (size(img1) ~= size(img2))
        mssim = -Inf;
        ssim_map = -Inf;
        return;
    end
    [M N] = size(img1);
    if (nargin == 2)
        if ((M < 11) | (N < 11))
            mssim = -Inf;
            ssim_map = -Inf;
```

```
          return
       end
       window = fspecial('gaussian', 11, 1.5);
       K(1) = 0.01;
       K(2) = 0.03;
       L = 255;
   end
   if (nargin == 3)
      if ((M < 11) | (N < 11))
         mssim = -Inf;
         ssim_map = -Inf;
         return
      end
      window = fspecial('gaussian', 11, 1.5);
      L = 255;
      if (length(K) == 2)
         if (K(1) < 0 | K(2) < 0)
            mssim = -Inf;
            ssim_map = -Inf;
            return;
         end
      else
         mssim = -Inf;
         ssim_map = -Inf;
         return;
      end
   end
   if (nargin == 4)
      [H W] = size(window);
      if ((H*W) < 4 | (H > M) | (W > N))
         mssim = -Inf;
         ssim_map = -Inf;
         return
      end
      L = 255;
      if (length(K) == 2)
         if (K(1) < 0 | K(2) < 0)
            mssim = -Inf;
            ssim_map = -Inf;
            return;
         end
      else
         mssim = -Inf;
```

```
            ssim_map = -Inf;
            return;
         end
      end
   if (nargin == 5)
      [H W] = size(window);
      if ((H*W) < 4 | (H > M) | (W > N))
         mssim = -Inf;
         ssim_map = -Inf;
          return
      end
      if (length(K) == 2)
         if (K(1) < 0 | K(2) < 0)
            mssim = -Inf;
            ssim_map = -Inf;
            return;
         end
      else
         mssim = -Inf;
         ssim_map = -Inf;
         return;
      end
   end
   C1 = (K(1)*L)^2;
   C2 = (K(2)*L)^2;
   window = window/sum(sum(window));
   img1 = double(img1);
   img2 = double(img2);
   mu1   = filter2(window, img1, 'valid');
   mu2   = filter2(window, img2, 'valid');
   mu1_sq = mu1.*mu1;
   mu2_sq = mu2.*mu2;
   mu1_mu2 = mu1.*mu2;
   sigma1_sq = filter2(window, img1.*img1, 'valid') - mu1_sq;
   sigma2_sq = filter2(window, img2.*img2, 'valid') - mu2_sq;
   sigma12 = filter2(window, img1.*img2, 'valid') - mu1_mu2;
   if (C1 > 0 & C2 > 0)
      ssim_map = ((2*mu1_mu2 + C1).*(2*sigma12 + C2))./((mu1_sq +
         mu2_sq + C1).*(sigma1_sq + sigma2_sq + C2));
   else
      numerator1 = 2*mu1_mu2 + C1;
      numerator2 = 2*sigma12 + C2;
```

```
    denominator1 = mu1_sq + mu2_sq + C1;
    denominator2 = sigma1_sq + sigma2_sq + C2;
    ssim_map = ones(size(mu1));
    index = (denominator1.*denominator2 > 0);
    ssim_map(index) = (numerator1(index).*numerator2(index))./
        (denominator1(index).*denominator2(index));
    index = (denominator1 ~= 0) & (denominator2 == 0);
    ssim_map(index) = numerator1(index)./denominator1(index);
end
mssim = mean2(ssim_map);
return
```

2.2.3 SAR 图像相干斑抑制的 K-LLD 算法

K-LLD 算法本质上是一种梯度回归算法，因此，基于 K-LLD 的图像降噪算法对低水平、均匀噪声有较好的处理效果。另外，基于 K-LLD 的图像降噪算法采用 Stein 的无偏风险估计方法得到的最小均方误差作为停止迭代的条件，其计算量很大。

2.2.4 实验结果及分析

接下来进行实验参数设定，聚类中心 $K = 10$。图 2.3 所示为 K-LLD 算法 SAR 图像相干斑抑制。

K-LLD 算法在一定程度上克服了 K-SVD 算法的执行效率问题，但对于富含相干斑的 SAR 图像，其相干斑抑制效果要比 K-SVD 算法差，出现了颗粒状的斑驳。若要减少颗粒状的斑驳，相应的参数设置也是比较麻烦的事情。

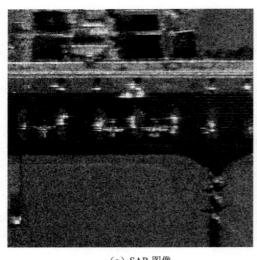 

（a）SAR 图像   （b）SAR 图像相干斑抑制结果

图 2.3   K-LLD 算法 SAR 图像相干斑抑制

2.3　K-OLS 算法

2.3.1　OLS 原理

正交最小二乘（Orthogonal Least Squares，OLS）算法属于贪婪算法范畴，该算法用于稀疏求解具有一定的稳定性，主要思想是通过迭代来计算信号集合 X 的支撑，通过迭代方式选择与信号结构最优逼近的原子来优化信号的近似表示。虽然最小二乘法的分解是非线性的，但仍然保持了信号的能量守恒，可近似为线性正交分解。基于最小二乘的优化算法不依靠任何特殊的转换或字典，实现比较容易；然而对于维数较大的字典，该算法的计算代价比较大，而且冗余字典的非正交性使得一个原子可能被多次选择。研究者针对最小二乘法提出了许多的改进算法，但额外的引进，如正交化，也增加了计算的复杂度。

OLS 算法通过递归地对已选择原子集合进行正交化，保证了迭代的最优性，使得迭代次数减少。已知信号集合 $X \in \mathbb{R}^N$、超完备字典 $\boldsymbol{\psi} \in \mathbb{R}^{M \times N}$、信号的稀疏度 K、n 个原子对应的位置存储单元 $\varOmega_n$、扩充矩阵 $\boldsymbol{\psi}_n$，$\boldsymbol{\varepsilon}_n$ 为 M 维余量，求解信号的稀疏表示系数集合 $\boldsymbol{\alpha} \in \mathbb{R}^N$，步骤如下所示。

算法 2.6　OLS 算法

步骤 1：初始化 $\boldsymbol{\varepsilon}_0 = X$，$\varOmega_0 = \varnothing$，$\boldsymbol{\psi}_0 = \varnothing$，迭代次数 $t = 1$，迭代停止条件为 δ。

步骤 2：计算冗余字典与余量的乘积 $R_t = \boldsymbol{\Psi} \boldsymbol{\varepsilon}_{t-1}$，根据 R_t 选择最相关的那个原子，所对应的序号为 i_t。

步骤 3：添加所选原子的位置索引值 $\varOmega_t = \varOmega_{t-1} \bigcup \{i_t\}$，扩充矩阵 $\boldsymbol{\psi}_t = \lfloor \boldsymbol{\psi}_{t-1}, \boldsymbol{\psi}_{i_{t-1}} \rfloor$。

步骤 4：解最小二乘问题来获得一个新的信号估计 $\boldsymbol{\alpha}_t = \arg\min_{\boldsymbol{\alpha}} \| X - \boldsymbol{\Psi}_t \boldsymbol{\alpha} \|_2$。

步骤 5：计算信号近似值 $X_t = \boldsymbol{\Psi}_t \boldsymbol{\alpha}_t$，第 t 次迭代的余量 $\boldsymbol{\varepsilon}_t = X - X_t$。

步骤 6：若满足 $\| \boldsymbol{\varepsilon}_t \|_2 < \delta$ 或者迭代次数 $t \geq 2K$，迭代停止，并在 $\boldsymbol{\alpha}_t \in \mathbb{R}^N$ 中保留 t 个重要分量，这些重要分量的位置保存在 $\varOmega_t$ 中；否则，$t = t+1$，返回步骤 2，继续下一次迭代计算。

OLS 算法的 MATLAB 代码如下所示。

```
function [s]=ols(x,A,m)
   [n nx]=size(x);
   if nx ~= 1
      error('x must be a vector.');
   end
   sigsize = x'*x/n;
   initial_given=0;
```

```
err_mse = [];
STOPCRIT = 'M';
STOPTOL = ceil(n/4);
s_initial = zeros(m,1);
GradSteps = 'auto';
P =@(z) A*z;
Pt =@(z) A'*z;
if initial_given ==1;
    IN = find(s_initial);
    Residual = x-P(s_initial);
    S = s_initial;
    older = Residual'*Residual/n;
else
    IN = [];
    Residual = x;
    s = s_initial;
    sigsize = x'*x/n;
    older = sigsize;
end
display('Begin... ...')
tic
t=0;
normA=(sum(A.^2,1)).^0.5;
NI = 1:size(A,2);
p=zeros(m,1);
DR=Pt(Residual);
[v I]=max(abs(DR(NI))./normA(NI)');
INI = NI(I);
IN=[IN INI];
NI(I) = [];
done = 0;
iter=1;
while ~done
if isa(GradSteps,'char')
    if strcmp(GradSteps,'auto')
        finished=0;
        while ~finished
            p(IN)=DR(IN);
            Dp=P(p);
            a=Residual'*Dp/(Dp'*Dp);
            s=s+a*p;
            Residual=Residual-a*Dp;
            DR=Pt(Residual);
```

```
            [v I]=max(abs(DR(NI))./normA(NI)');
            INI = NI(I);
            if isempty(find (IN==INI))
               IN=[IN INI];
               NI(I) = [];
               finished=1;
            end
        end
    else
        error('Undefined option for GradSteps, use ''auto''
            or an integer.')
    end
  elseif isa(GradSteps,'numeric')
    count=1;
    while count<=GradSteps
        p(IN)=DR(IN);
        Dp=P(p);
        a=Residual'*Dp/(Dp'*Dp);
        s=s+a*p;
        Residual=Residual-a*Dp;
        DR=Pt(Residual);
        count=count+1;
    end
        [v I]=max(abs(DR(NI))./normA(NI)');
        INI = NI(I);
        IN=[IN INI];
        NI(I) = [];
else
    error('Undefined option for GradSteps, use ''auto''
        or an integer.')
end
    ERR=Residual'*Residual/n;
if strcmp(STOPCRIT,'M')
    if iter >= STOPTOL
        done =1;
    elseif false && toc-t>10
        t=toc;
    end
elseif strcmp(STOPCRIT,'mse')
    if comp_err
        if err_mse(iter)<STOPTOL;
```

```
            done = 1;
        elseif false && toc-t>10
            t=toc;
        end
    else
        if ERR<STOPTOL;
            done = 1;
        elseif false && toc-t>10
            t=toc;
        end
    end
elseif strcmp(STOPCRIT,'mse_change') && iter >=2
    if comp_err && iter >=2
        if ((err_mse(iter-1)-err_mse(iter))/sigsize <STOPTOL);
            done = 1;
        elseif false && toc-t>10
            t=toc;
        end
    else
        if ((oldERR - ERR)/sigsize < STOPTOL);
            done = 1;
        elseif false && toc-t>10
            t=toc;
        end
    end
elseif strcmp(STOPCRIT,'corr')
    if max(abs(DR)) < STOPTOL;
        done = 1;
    elseif false && toc-t>10
        t=toc;
    end
end
if ~done
    iter=iter+1;
    oldERR=ERR;
end
end
```

OLS 算法保证了迭代的最优性，其根据经典的最小二乘法求信号在子空间上的正交投影，进一步计算逼近信号与残差，该算法的收敛速度比 OMP 算法快，计算复杂度比 OMP 算法低。

2.3.2　K-OLS 算法原理

K 均值正交最小二乘（K-OLS）算法是为了克服 K-SVD 算法的计算复杂性和 K-LLD 算法的相干斑抑制效果较差这两点不足而提出的改进型字典设计算法。有了前面所讨论的 K-SVD、K-LLD 理论基础及算法实现策略，下面讨论通过 K-OLS 算法实现 SAR 图像数据局部特征的自适应超完备字典设计。K-OLS 算法通过对回归模型中的拟合项进行多次正交化投影，求得超完备字典的 K 个原子，再通过正交最小二乘实现数据信号的稀疏表示。

设字典为 $\boldsymbol{\Psi}$，稀疏表示中由 SAR 图像 $\boldsymbol{I}$ 通过 Mean-Shift 聚类算法和近邻规则所得到的信号集合为 $\boldsymbol{X}$，即 $\boldsymbol{X}$ 中的元素是 SAR 图像像素的局部邻域像素所构成的列向量，这些列向量的获取方式如下：首先运用 Mean-Shift 聚类算法对 SAR 图像 $\boldsymbol{I}$ 中的像素进行分类；其次通过近邻规则获得同质区域内最能刻画其特征的各像素的局部邻域像素，并转化成列向量；最后组合这些列向量得到信号集合 $\boldsymbol{X}$。信号集合 $\boldsymbol{X}$ 在字典 $\boldsymbol{\Psi}$ 下的稀疏表示系数集合为 $\boldsymbol{\alpha}$。字典学习和稀疏表示问题可以描述为如下回归模型：

$$\min_{\boldsymbol{\Psi},\boldsymbol{\alpha}}\left\{\sum_{l=1}^{L}\left\|\boldsymbol{X}^l-\boldsymbol{\Psi}\boldsymbol{\alpha}^l\right\|\right\} \text{ 满足对于 } \forall l,\ \left\|\boldsymbol{\alpha}^l\right\|_0 \leqslant K \qquad (2.35)$$

式中，$\|\bullet\|_0$ 表示 ℓ^0 范数；$\boldsymbol{\alpha}^l$ 表示 $\boldsymbol{\alpha}$ 的第 l 列向量；K 是自然数，表示信号的稀疏度。

于是，式（2.35）中的数据拟合项可以表示为

$$
\begin{aligned}
&\min_{\boldsymbol{\Psi},\boldsymbol{\alpha}}\left\{\left\|\boldsymbol{X}-\sum_{j=1}^{K}\boldsymbol{\Psi}^j\boldsymbol{\alpha}_j\right\|_F^2\right\}\\
&=\min_{\boldsymbol{\Psi},\boldsymbol{\alpha}}\left\{\left\|\left(\boldsymbol{X}-\sum_{j\neq k}^{K}\boldsymbol{\Psi}^j\boldsymbol{\alpha}_j\right)-\boldsymbol{\Psi}^k\boldsymbol{\alpha}_k\right\|_F^2\right\}\\
&=\min_{\boldsymbol{\Psi},\boldsymbol{\alpha}}\left\{\left\|\boldsymbol{\varepsilon}^{(k)}-\boldsymbol{\Psi}^k\boldsymbol{\alpha}_k\right\|_F^2\right\}
\end{aligned}
\qquad (2.36)
$$

式中，$\boldsymbol{\varepsilon}^{(k)}=\boldsymbol{X}-\sum_{j\neq k}^{K}\boldsymbol{\Psi}^j\boldsymbol{\alpha}_j$。算法 2.7 依据式（2.36），迭代更新误差项 $\boldsymbol{\varepsilon}^{(k)}$ 获得信号集合 $\boldsymbol{X}$ 在优化意义下的超完备字典 $\boldsymbol{\Psi}$ 和相应稀疏表示系数集合 $\boldsymbol{\alpha}$，从而实现 $\boldsymbol{X}$ 的稀疏表示。

算法 2.7　自适应超完备字典学习算法（K-OLS 算法）

步骤 1：选取冗余离散余弦变换矩阵作为初始字典 $\boldsymbol{\Psi}^{(0)}$。

步骤 2：运用 Mean-Shift 聚类算法获得 SAR 图像 $\boldsymbol{I}$ 同质区域的均值 m_X 和标准差 σ_X。

步骤3：重复步骤4~7，设定停止迭代阈值 $T_1 = \kappa_1 m_X / \sigma_X$ 和迭代次数 $T_1' = \lfloor \kappa_1 m_X / \sigma_X \rfloor$，其中，$T_1' = \lfloor \kappa_1 m_X / \sigma_X \rfloor$ 表示 $T_1 = \kappa_1 m_X / \sigma_X$ 的整数部分，转到步骤8。

步骤4：在 ℓ^2 范数意义下归一化字典 $\boldsymbol{\Psi}$ 的各原子。

步骤5：用 OLS 算法计算信号集合 $\boldsymbol{X}$ 在字典 $\boldsymbol{\Psi}$ 下的稀疏表示系数集合 $\boldsymbol{\alpha}$，即求解如下优化问题：对于 $\forall \boldsymbol{X}^l \in \boldsymbol{X}$，$l = 1, 2, \cdots, L$，

$$\arg\min \left\| \boldsymbol{\alpha}^l \right\|_1 \tag{2.37}$$

满足 $\left\| \boldsymbol{X}^l - \boldsymbol{\Psi} \boldsymbol{\alpha}^l \right\|^2 \leqslant \varepsilon m_X / \sigma_X$，$\boldsymbol{X}^l$ 表示 $\boldsymbol{X}$ 的第 l 列向量，$\boldsymbol{\alpha}^l$ 表示 $\boldsymbol{\alpha}$ 的第 l 列向量。

步骤6：对 $\boldsymbol{X}$ 的行向量运用离散小波变换得到尺度为1时的低频信号集合 $\hat{\boldsymbol{X}}$。

步骤7：此步骤在由 K-OLS 算法获得稀疏表示系数集合 $\boldsymbol{\alpha}$ 的前提下更新超完备字典 $\boldsymbol{\Psi}$。对每一个 $k = 1, 2, \cdots, K$ 做循环迭代，这里 K 是行向量 $\hat{\boldsymbol{X}}$ 的维数，设定停止迭代阈值 $T_2 = \kappa_2 m_X / \sigma_X$ 和迭代次数 $T_2' = \lfloor \kappa_2 m_X / \sigma_X \rfloor$，这里 $T_2' = \lfloor \kappa_2 m_X / \sigma_X \rfloor$ 表示 $T_2 = \kappa_2 m_X / \sigma_X$ 的整数部分。

（1）定义指标集合：

$$\Omega^{(k)} = \left\{ l \middle| 1 \leqslant l \leqslant L, \alpha_k^l \neq 0 \right\} \tag{2.38}$$

式中，α_k^l 表示 $\boldsymbol{\alpha}$ 的第 l 列向量 $\boldsymbol{\alpha}^l$ 的第 k 个元素。

（2）计算

$$\boldsymbol{\varepsilon}^{(k)} = \hat{\boldsymbol{X}} - \left(\boldsymbol{\Psi} \boldsymbol{\alpha} - \boldsymbol{\Psi}^k \boldsymbol{\alpha}_k \right) \tag{2.39}$$

式中，$\boldsymbol{\alpha}_k$ 表示 $\boldsymbol{\alpha}$ 的第 k 行向量；$\boldsymbol{\Psi}^k$ 表示 $\boldsymbol{\Psi}$ 的第 k 列向量。

（3）选取指标集 $\Omega^{(k)}$ 在 $\boldsymbol{\varepsilon}^{(k)}$ 中所对应的列，记作 $\boldsymbol{\varepsilon}_{\Omega^{(k)}}^{(k)}$。

（4）计算 $\boldsymbol{\Psi}^k = \boldsymbol{\varepsilon}_{\Omega^{(k)}}^{(k)} \boldsymbol{\alpha}_k' / \left\| \boldsymbol{\alpha}_k \right\|_2^2$，$\boldsymbol{\alpha}_k'$ 表示 $\boldsymbol{\alpha}_k$ 的转置向量。

步骤8：输出结果 $\boldsymbol{\Psi}$ 和 $\boldsymbol{\alpha}$。

算法2.8　Mean-Shift 聚类算法

步骤1：对于给定点 $\boldsymbol{x}_i$，计算 Mean-Shift 向量：$\boldsymbol{m}\left(\boldsymbol{x}_i^t \right)$，$\boldsymbol{m}\left(\boldsymbol{x}_i \right) = \dfrac{\sum\limits_i \boldsymbol{x}_i g\left(\left\| \dfrac{\boldsymbol{x} - \boldsymbol{x}_i}{h} \right\|^2 \right)}{\sum\limits_i g\left(\left\| \dfrac{\boldsymbol{x} - \boldsymbol{x}_i}{h} \right\|^2 \right)} - \boldsymbol{x}$。

步骤2：移动密度估计窗口：$\boldsymbol{x}_i^{t+1} = \boldsymbol{x}_i^t + \boldsymbol{m}\left(\boldsymbol{x}_i^t \right)$。

步骤 3：重复步骤 1 和步骤 2，直到收敛。

Mean-Shift 聚类算法的 Python 代码如下所示。

```python
import numpyasnp
import matplotlib.pyplotasplt


def mean_shift(data, radius=2.0):
    clusters = []
    for i in range(len(data)):
        cluster_centroid = data[i]
        cluster_frequency = np.zeros(len(data))
        while True:
            temp_data = []
            for j in range(len(data)):
                v = data[j]
                if np.linalg.norm(v - cluster_centroid) <= radius:
                    temp_data.append(v)
                    cluster_frequency[i] += 1
            old_centroid = cluster_centroid
            new_centroid = np.average(temp_data, axis=0)
            cluster_centroid = new_centroid
    if np.array_equal(new_centroid, old_centroid):
        break
    has_same_cluster = False
    for cluster in clusters:
        if np.linalg.norm(cluster['centroid'] - cluster_centroid)
            <= radius:
            has_same_cluster = True
            cluster['frequency'] = cluster['frequency'] +
                cluster_frequency
    break
    if not has_same_cluster:
        clusters.append({
            'centroid': cluster_centroid,
            'frequency': cluster_frequency})
    print('clusters (', len(clusters), '): ', clusters)
    clustering(data, clusters)
    show_clusters(clusters, radius)


def clustering(data, clusters):
    t = []
```

```
for cluster in clusters:
    cluster['data'] = []
    t.append(cluster['frequency'])
t = np.array(t)
for i in range(len(data)):
    column_frequency = t[:, i]
    cluster_index = np.where(column_frequency ==
        np.max(column_frequency))[0][0]
    clusters[cluster_index]['data'].append(data[i])
```

接下来，将利用基于字典学习的稀疏表示算法得到信号集合 X 的超完备字典 ψ 及信号的稀疏表示系数集合 α，实现在稀疏表示框架下 SAR 图像的相干斑抑制。

2.3.3　SAR 图像相干斑抑制的 K-OLS 算法

基于估计理论的 SAR 图像相干斑抑制算法建立在精确的场景模型分布和噪声模型分布的基础上，如 Lee 滤波、Frost 滤波、Map 滤波等，其相干斑抑制效果受限于模型分布的估计精度。基于偏微分方程的相干斑抑制算法，如扩散滤波等，在抑制相干斑的同时，具有保持 SAR 图像细节的优点，该类算法的另一个优点是数值求解理论比较成熟。总体来讲，上述两类 SAR 图像相干斑抑制算法，在去除相干斑噪声和保持纹理、边缘等细节信息之间寻求合理的折中。基于超完备字典的 SAR 图像稀疏表示具有稀疏性、特征保持性、可分性等特点，被广泛应用于 SAR 图像处理领域。基于 K-SVD 超完备字典学习的 SAR 图像相干斑抑制算法通常假设目标的雷达散射截面和相干斑服从由乘性噪声模型发展的统计模型，由此获得算法的相应参数估计。基于 SAR 图像信息具有自相似性特点的 K-SVD 算法为 SAR 图像的稀疏表示理论提供了一种有效的超完备字典学习算法，但由于 K-SVD 算法需要对 SAR 图像数据进行大量的奇异值分解运算，所以算法的时间复杂度较高。另外，K-SVD 算法对含噪声 SAR 图像的静态假设有时与实际的观测信号统计分布不吻合。

本节介绍一种新的基于自适应超完备字典学习的 SAR 图像相干斑抑制算法：针对 SAR 图像所固有的稀疏结构信息，通过迭代优化的方式得到超完备字典，利用超完备字典对 SAR 图像数据进行稀疏表示，运用乘性噪声模型进行参数估计和阈值设定，通过正则化方法实现 SAR 图像的相干斑抑制处理。

SAR 图像的强度测量值、反射系数与相干斑噪声具有复杂的非线性关系，相干斑噪声可以看成不同后向散射波之间的一种干涉现象，这些散射单元随机地分散在分辨单元的表面上。这里考虑 SAR 图像的强度测量值、反射系数与相干斑噪声的关系模型，并以此为基础获得相干斑抑制算法的优化模型。图 2.4 所示为 K-OLS 算法用于 SAR 图像相干斑抑制的流程图。

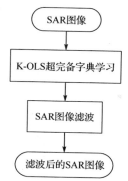

图 2.4　K-OLS 算法用于 SAR 图像相干斑抑制的流程图

当 SAR 图像的分辨单元小于目标的空间细节时，认为 SAR 图像中像素的退化是彼此独立的，相干斑噪声可以被建模为乘性噪声，即

$$I = N\bar{I} \tag{2.40}$$

式中，I 是获取的 SAR 图像；$\bar{I}$ 是场景分辨单元的平均强度；N 是相干斑噪声。所以，若记 I 同质区域的均值为 m_I、标准差为 σ_I，则有 N 的标准差：

$$\sigma_N = \sigma_I / m_I \tag{2.41}$$

结合式（2.35），X 中的元素是 SAR 图像 I 各像素的局部邻域像素所构成的列向量，基于稀疏表示的 SAR 图像相干斑抑制模型可以表述为如下优化问题：

$$\min_{\boldsymbol{\Psi},\boldsymbol{\alpha},\bar{I}}\left\{\sum_l \left\|\boldsymbol{X}^l - \boldsymbol{\Psi}\boldsymbol{\alpha}^l\right\|_2^2\right\} + \sum_{ij}\lambda\left\|\ln I_{ij} - \ln \bar{I}_{ij}\right\|_2^2 \quad \text{满足对于}\ \forall l,\ \left\|\boldsymbol{\alpha}^l\right\|_0 \leq K \tag{2.42}$$

或

$$\min_{\boldsymbol{\Psi},\boldsymbol{\alpha},\bar{I}}\left\{\sum_l \left\|\boldsymbol{X}^l - \boldsymbol{\Psi}\boldsymbol{\alpha}^l\right\|_2^2\right\} + \sum_{ij}\lambda\left\|\ln I_{ij} - \ln \bar{I}_{ij}\right\|_2^2 + \sum_l \mu\left\|\boldsymbol{\alpha}^l\right\|_1 \tag{2.43}$$

式中，λ 和 μ 是正则化参数。

对式（2.43）进行优化求解是一个比较复杂的过程，这里，将其分解为两个步骤进行处理，首先利用算法 2.7 获得字典 $\boldsymbol{\Psi}$，通过求解如下优化问题获得反映场景分辨单元平均强度的 SAR 图像 $\bar{I}$：

$$\min_{\bar{I}}\left\{\sum_l \left\|\boldsymbol{X}^l - \boldsymbol{\Psi}\boldsymbol{\alpha}^l\right\|_2^2\right\} + \sum_l \mu\left\|\boldsymbol{\alpha}^l\right\|_1 \tag{2.44}$$

式中，X^l 表示由 SAR 图像 $\overline{I}$ 所得到的信号集合。然后求解如下优化问题：

$$\min_{\overline{I}} \left\{ \sum_{ij} \left\| \boldsymbol{m}_{ij} - \overline{\boldsymbol{I}}_{ij} \right\|_2^2 \right\} + \sum_{ij} \lambda \left\| \boldsymbol{I}_{ij} - \overline{\boldsymbol{I}}_{ij} \right\|_2^2 \tag{2.45}$$

式中，$\boldsymbol{m}_{ij}$ 为对应于 (i,j) 位置像素 $\overline{\boldsymbol{I}}_{ij}$ 的向量均值。易知，式（2.45）存在闭形式解：

$$\overline{\boldsymbol{I}}_{ij} = \frac{\boldsymbol{I}_{ij} + \lambda \boldsymbol{m}_{ij}}{2} \tag{2.46}$$

算法 2.9　**基于自适应稀疏表示的 SAR 图像相干斑抑制算法**

步骤 1：选取冗余离散余弦变换矩阵作为初始字典 $\boldsymbol{\varPsi}^{(0)}$。

步骤 2：由 SAR 图像 $\boldsymbol{I}$ 各像素的局部邻域像素构成列向量信号集合 $\boldsymbol{X}$。

步骤 3：运用算法 2.7 获得字典 $\boldsymbol{\varPsi}$ 和稀疏表示系数集合 $\boldsymbol{\alpha}$。

步骤 4：运用式（2.46）计算相干斑抑制后的 SAR 图像 $\overline{\boldsymbol{I}}$。

2.3.4　实验结果及分析

2.3.4.1　实验结果

算法 2.9 中的各项参数选取：字典原子个数 $k=144$，滑动窗口大小的 $h_1=6$ 像素，Lee 滤波算法滑动窗口大小的 $h_2=5$ 像素，因子参数 $\kappa_1=0.3922M_I$、$\kappa_2=0.3922M_{\overline{I}}$ 和 $\varepsilon=0.3922M_{\overline{I}}$，其中，$M_I=\max_{ij}\{I_{ij}\}$。SAR 图像相干斑抑制系统基于 MATLAB 平台开发。

选取一组实测 SAR 图像，如图 2.5（a）所示，其是在新墨西哥州阿尔伯克基地区的马场获取的 SAR 图像。Lee 滤波算法、IACDF 算法、K-OLS 算法得到的 SAR 图像相干斑抑制结果如图 2.5（b）～图 2.5（d）所示。

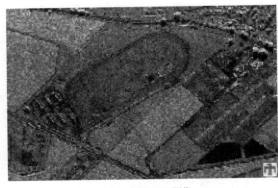
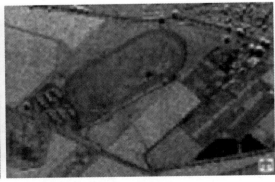

（a）实测 SAR 图像　　　　　　　　　　　　　　（b）Lee 滤波算法

图 2.5　三种算法得到的 SAR 图像相干斑抑制结果

（c）IACDF 算法　　　　　　　　　　　　（d）K-OLS 算法

图 2.5　三种算法得到的 SAR 图像相干斑抑制结果（续）

对于 SAR 图像的相干斑抑制性能评价指标，这里主要考虑均方误差（MSE）、等效视数（ENL）和边缘保持指数。均方误差的大小表示 SAR 图像信息量的多少，均方误差越大，说明其反映的信息越多。等效视数是衡量一张 SAR 图像相干斑噪声相对强度的指标，反映滤波器的相干斑抑制能力。等效视数越大，SAR 图像上的相干斑噪声越弱。边缘保持指数 α 定义为

$$\alpha = \frac{\sum\limits_{i<j}\left(m_{\bar{I}}^i - m_{\bar{I}}^j\right)}{\sum\limits_{i<j}\left(m_I^i - m_I^j\right)} \tag{2.47}$$

式中，$m_{\bar{I}}^i$ 是相干斑抑制后 SAR 图像 $\bar{I}$ 的第 i 个同质区域的均值；m_I^i 是原 SAR 图像 I 的第 i 个同质区域的均值。边缘保持指数越大，边缘保持得越好。三种算法的性能评价如表 2.1 所示。

表 2.1　三种算法的性能评价

指标	图 2.5（a）	Lee 滤波算法	IACDF 算法	K-OLS 算法
MSE	0.1755	0.1541	0.1213	0.1211
ENL	4.4036	8.1317	8.8871	9.7141
α	1.0000	0.3740	0.4001	0.4011

算法 2.9 中的各项参数选取：字典原子个数 $k=144$，滑动窗口大小的 $h=6$ 像素。以图 2.5（a）所示的实测 SAR 图像作为输入数据，应用算法 2.9 得到 K-OLS 算法的超完备字典，如图 2.6 所示。

选取另一组实测 SAR 图像，如图 2.7（a）所示，图 2.7（b）所示的是图 2.7（a）所示 SAR 图像的灰度直方图，可以给出粗略的数据密度估计。K-SVD 算法中的各项参数选取：字典原子个数 $k=144$，滑动窗口大小的 $h=6$ 像素，SAR 图像等效视数估计为 2。K-SVD

算法、K-OLS 算法$(\lambda = 0.6)$得到的 SAR 图像相干斑抑制结果如图 2.7（c）和图 2.7（d）所示。

图 2.6 彩图

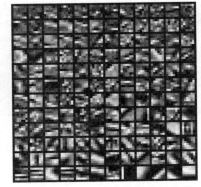

图 2.6　K-OLS 算法的超完备字典

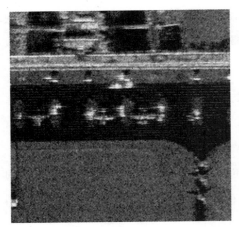

（a）实测 SAR 图像

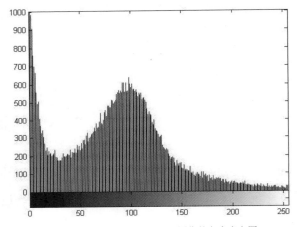

（b）图 2.7（a）所示 SAR 图像的灰度直方图

（c）K-SVD 算法

（d）K-OLS 算法

图 2.7　两种算法得到的 SAR 图像相干斑抑制结果

运用 SAR 图像的相干斑抑制性能评价指标：均方误差（MSE）、等效视数（ENL）、边缘保持指数 α 和执行时间，对 K-OLS 算法进行性能评价，如表 2.2 所示。

表 2.2　K-OLS 算法的性能评价

项目	MSE	ENL	α	执行时间/s
SAR 图像	0.1433	2.1253	1.0000	0.0
K-OLS 算法	0.1029	5.3943	0.4219	39.8

以图 2.7（a）所示的实测 SAR 图像作为输入数据，应用 K-SVD 算法和 K-OLS 算法得到相应的超完备字典，如图 2.8 所示。

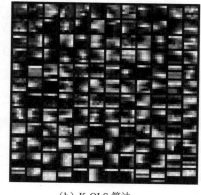

图 2.8（a）彩图　　　　　　　　　　　　　　　　　　　　　　　　　　图 2.8（b）彩图

（a）K-SVD 算法　　　　　　　　　　（b）K-OLS 算法

图 2.8　两种算法得到的超完备字典

2.3.4.2　相干斑抑制性能分析

在空域相干斑抑制算法中，滑动相干斑抑制算法是一种重要的算法，即在 SAR 图像上取一个滑动窗口，对窗口内的像素进行相干斑抑制处理得到窗口中心像素的相干斑抑制值，这种算法对处理像素的窗口区域是自适应的。这种局域自适应空域相干斑抑制算法大致可分为两类：一类是使用相干斑噪声统计模型的相干斑抑制算法，如 Lee 滤波算法、K-SVD 算法等；另一类是不使用相干斑噪声统计模型的相干斑抑制算法，如非线性复扩散滤波器（NCDF）、K-OLS 算法等。

基于局部统计特性的滑动窗口相干斑抑制算法是较早采用的，也是使用较为广泛的相干斑抑制技术。Lee 滤波算法是基于完全发展的乘性相干斑噪声设计的，具有理论分析完善、计算简单的特点，但对场景反射系数的平稳性和各态遍历性的要求较高，这也限制了 Lee 滤波算法的相干斑抑制性能。综合 2.3.4.1 节所述的实验结果可知，Lee 滤波后的 SAR 图像中仍然包含较多的噪声点，而且点目标也存在一定程度的模糊。

偏微分方程在 SAR 图像滤波处理方面有着广泛的应用，其发展过程包括由线性均匀扩散到线性非均匀扩散，再到非线性扩散及各向异性扩散。其中非线性复扩散滤波器可以同时用于 SAR 图像噪声抑制和边缘锐化，改进的自适应复扩散滤波器（IACDF）能够自适应地选择阈值参数，相比于传统的非线性复扩散滤波器具有更好的相干斑抑制效果。综合 2.3.4.1 节所述的实验结果可知，IACDF 算法的边缘锐化效果好于 Lee 滤波算法。K-SVD 算法是一种基于 K-SVD 超完备字典学习的 SAR 图像相干斑抑制算法，该算法假设目标的雷达散射截面和相干斑服从一定的统计模型，由此获得算法的相应参数估计。基于 SAR 图像信息具有自相似性特点的 K-SVD 算法为 SAR 图像的稀疏表示理论提供了一种有效的超完备字典学习算法，但由于 K-SVD 算法需要对 SAR 图像数据进行大量的奇异值分解运算，所以算法的时间复杂度较高。另外，由乘性噪声模型发展的统计模型都是在相干斑噪声分量满足中心极限定理的假设前提下推导出来的，对于高分辨 SAR 图像，其分辨单元非常小，以至于中心定理不再适用，因此，K-SVD 算法对含噪声 SAR 图像的静态假设有时与实际的观测信号统计分布不吻合，故 K-SVD 算法并不太理想。K-OLS 算法利用新的超完备字典学习算法对 SAR 图像各滑动窗口数据进行分解，获得各窗口数据的稀疏表示，在一定程度上抑制了相干斑噪声，而后利用正则化方法构造优化模型，通过对优化问题的求解重构 SAR 图像场景分辨单元的平均强度，实现相干斑抑制处理。综合 2.3.4.1 节所述的实验结果可知，本节的算法在多个方面优于 Lee 滤波算法、IACDF 算法和 K-SVD 算法。

2.3.4.3　相干斑抑制性能定量实验

为了凸显 K-OLS 算法的相干斑抑制性能优势，下面讨论在不同噪声水平下，各相干斑抑制算法对噪声抑制性能的定量比较。一般来讲，信噪比越大，SAR 图像的实际分辨能力越好。大场景 SAR 图像的信噪比是难以计算的，这里借用光学图像降噪处理中的常用方式，用信号与噪声的方差之比来近似 SAR 图像的信噪比，首先计算相干斑抑制后 SAR 图像 I 所有列向量的方差，将 SAR 图像列向量方差的平均值作为信号方差，求出信号方差和噪声方差的比值，再转化成分贝数。定义信噪比的计算公式如下：

$$\text{SNR} = 10\lg\left(\frac{v}{v_n}\right) \tag{2.48}$$

式中，v 为 SAR 图像 I 列向量的方差所构成的行向量的平均值；v_n 为所添加噪声的方差。式（2.48）反映了相干斑抑制算法对噪声的抑制性能。算法对噪声的抑制性能越好，SNR 的值越大。

图 2.9（a）所示的是实验 SAR 图像 $\bar{I}$，用 Var 表示对 SAR 图像 $\bar{I}$ 所添加噪声的方差，以 Var 为自变量、SNR 为因变量，得到 K-OLS 算法、Lee 滤波算法、IACDF 算法和 K-SVD 算法对乘性噪声的抑制性能曲线 ［见图 2.9（b）］。

（a）实验 SAR 图像 $\overline{I}$

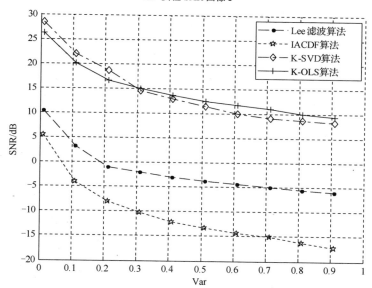

（b）四种算法对乘性噪声的抑制性能曲线

图 2.9　四种算法对乘性噪声的抑制性能

Lee 滤波算法的 MATLAB 代码如下所示。

```
function [RI] = Leefilter(I)
    [height,width] = size(I);
    N = 5;
    nr = floor(N/2);
    I = im2double(I);
    I2 = I;
    L = 1;
    delta = 1/sqrt(L);
    for i = 1:height
        for j = 1:width
            sum = 0;
            sum2 = 0;
```

```
        num = 0;
        for k = -nr:nr
            for m = -nr:nr
                if( (i+k >=1) && (i+k <= height) && (j+m >= 1) &&
                    (j+m <= width))
                    num = num + 1;
                    sum = sum + I(i+k,j+m);
                    sum2 = sum2 + I(i+k,j+m)*I(i+k,j+m);
                end
            end
        end
        u = sum/num;
        v = sum2/num - u*u;
        if(u == 0)
            k = 0;
        else
            k = (1 - u*u*delta*delta/v);
        end
        if(k<0)
            k = 0;
        end
        I2(i,j) = u + k*( I(i,j) - u );
    end
end
RI = I2;
```

2.4   小结

分析运用于 SAR 图像相干斑抑制的 K-SVD 算法可以发现，此类算法所追求的目标是更为强大的噪声抑制性能，从一定方面忽视了算法的执行时间问题，即计算复杂度问题。然而，在处理大量的 SAR 图像数据时，通常对相干斑抑制性能的要求和对计算速度的要求同等重要，有时对计算速度的要求会更高。运用于 SAR 图像相干斑抑制的 K-LLD 算法，虽然考虑了 K-SVD 算法的计算复杂度问题，但具有较差的噪声抑制性能。本章结合 K-SVD 算法和 K-LLD 算法在 SAR 图像相干斑抑制中的优点，分析了运用于 SAR 图像相干斑抑制的 K-OLS 算法。K-OLS 算法运用 OLS 算法的思想，在保证相干斑抑制性能的条件下以成熟的 OLS 算法思想为指导来减小相干斑抑制算法的计算复杂度。该算法首先运用字典学习算法得到 SAR 图像中各滑动窗口数据的稀疏表示；其次采用正则化方法构造多目标优化模型；最后，通过求解相应的优化问题重建 SAR 图像场景分辨单元的平均强度，从而实现了 SAR 图像相干斑的抑制。

习题

2.1　简述 K 均值聚类算法原理。

2.2　简述 K-SVD 算法原理。

2.3　简述 Mean-Shift 算法原理。

2.4　简述 K-OLS 算法原理。

第 3 章
SAR 图像滤波的多尺度几何分析算法

在处理大量的 SAR 图像数据时，对相干斑抑制性能和计算速度具有同等的要求，针对 K-SVD 算法和 K-LLD 算法存在的计算复杂度和相干斑抑制效果问题，第 2 章分析了基于 K 均值正交最小二乘（K-OLS）的 SAR 图像相干斑抑制算法，该算法具有强大的噪声抑制性能和较高的计算效率。然而，无论是 K-SVD 算法、K-LLD 算法，还是 K-OLS 算法，都只关注 SAR 图像的低频信息，而点、线等高频信息存在着一定程度的损失。本章针对 SAR 图像点、线、面的结构特征，运用具有点奇异性的小波、具有线奇异性的剪切波、具有面奇异性的 K-OLS 字典，通过正则化方法建立多元稀疏优化模型；通过对多元稀疏优化模型进行求解，重建 SAR 图像场景分辨单元的平均强度，实现 SAR 图像的相干斑抑制。

3.1　SAR 图像相干斑抑制的小波域算法

小波变换具有多分辨分析的特点，其本身对于一维信号具有良好的表示特性。但对于 SAR 图像的二维信号，其所具有的点奇异性反而影响了其相干斑抑制效果。图像本身是由点、线、面等结构组合而成的，SAR 图像的相干斑是一种噪声。本节给出两种小波域相干斑抑制算法：小波域的统计类相干斑抑制算法和小波域的 PDE 类相干斑抑制算法。前一种算法运用贝叶斯估计得到小波变换系数，通过逆变换实现 SAR 图像的相干斑抑制；后一种算法考虑了小波域统计类算法在保持图像纹理细节上的不足，通过各向异性扩散处理增强图像的纹理特征，但相干斑抑制效果仍然不够理想。

3.1.1   小波域贝叶斯相干斑抑制算法

3.1.1.1   算法原理

小波域贝叶斯 SAR 图像相干斑抑制算法的流程图如图 3.1 所示。对含噪声 SAR 图像 I 进行二维 Daubechies 小波变换，得到小波变换系数 β_i，其中 i 是指标，记相应不含噪声的小波变换系数为 $\overline{\beta}_i$，于是由最大后验概率估计 MAP 得到

$$\hat{\beta}_i = \arg\max\left\{ p\left(\overline{\beta}_i \big| \beta_i\right) \right\} \tag{3.1}$$

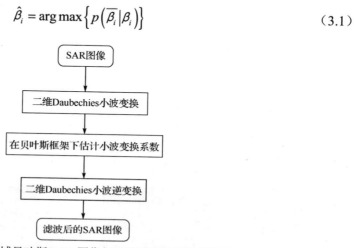

图 3.1   小波域贝叶斯 SAR 图像相干斑抑制算法的流程图

在贝叶斯框架下：

$$p\left(\overline{\beta}_i \big| \beta_i\right) = \frac{p\left(\beta_i \big| \overline{\beta}_i\right) p\left(\overline{\beta}_i\right)}{p(\beta_i)} \propto p\left(\beta_i \big| \overline{\beta}_i\right) p\left(\overline{\beta}_i\right) \tag{3.2}$$

假设

$$p\left(\beta_i \big| \overline{\beta}_i\right) = \frac{1}{\sqrt{2\pi}\sigma_n} \exp\left(-\frac{\left(\beta_i - \overline{\beta}_i\right)^2}{\sigma_n^2}\right) \tag{3.3}$$

接下来，利用非参数核密度估计方法对 $p\left(\overline{\beta}_i\right)$ 进行估计：

$$p\left(\overline{\beta}_i\right) \propto \sum_{\beta_j \in \Omega_i} \frac{1}{\sqrt{2\pi}h_i} \exp\left(-\frac{\left(\beta_j - \overline{\beta}_i\right)^2}{h_i^2}\right) \tag{3.4}$$

式中，h_i 是局部邻域 Ω_i 的标准差。

综上可得

$$p\left(\overline{\beta_i}|\beta_i\right) \propto \frac{1}{\sqrt{2\pi}\sigma_n}\exp\left(-\frac{\left(\beta_i-\overline{\beta_i}\right)^2}{\sigma_n^2}\right)\left[\sum_{\beta_j\in\Omega_i}\frac{1}{\sqrt{2\pi}h_i}\exp\left(-\frac{\left(\beta_j-\overline{\beta_i}\right)^2}{h_i^2}\right)\right] \qquad (3.5)$$

对式（3.5）关于 $\overline{\beta_i}$ 求导，并令导函数为 0 ，得到

$$\hat{\beta_i} = \frac{1}{|\Omega_i|}\sum_{\beta_j\in\Omega_i}\frac{\sigma_n^2\beta_j + h_j^2\beta_i}{\sigma_n^2 + h_j^2} \qquad (3.6)$$

式中，$|\Omega_i|$ 表示局部邻域 Ω_i 元素的个数。

3.1.1.2 实验结果及分析

实验参数选取：小波分解层数选为 5 ，局部领域 Ω_i 的窗口大小选为 5 像素×5 像素。图 3.2 所示为小波域贝叶斯 SAR 图像相干斑抑制。

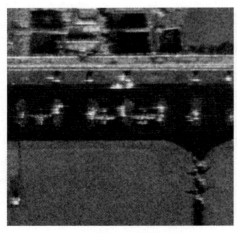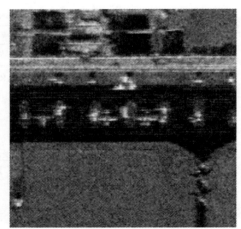

（a）SAR 图像　　　　　　　　　　　　　　（b）相干斑抑制后的 SAR 图像

图 3.2　小波域贝叶斯 SAR 图像相干斑抑制

小波域贝叶斯相干斑抑制算法通过在小波域统计建模，重建小波变换系数。可以发现，该算法的小波变换系数可以显式给出，具有较低的计算复杂度，其不足之处在于小波变换系数的统计模型估计得未必准确。另外，由于小波的先天不足，相干斑抑制后的 SAR 图像仍可见斑驳的大颗粒。

小波域贝叶斯相干斑抑制算法的 MATLAB 代码如下所示。

```
clear;
clc;
clear all;
```

```matlab
close all;
pic=imread('image.png');
sig=15;
V=(sig/256)^2;
filtertype='db2';
levels=2;
[C,S]=wavedec2(pic,levels,filtertype);

st=(S(1,1)^2)+1;
bayesC=[C(1:st-1),zeros(1,length(st:1:length(C)))];
var=length(C)-S(size(S,1)-1,1)^2+1;
sigmahat=median(abs(C(var:length(C))))/0.6745;
for jj=2:size(S,1)-1
    coefh=C(st:st+S(jj,1)^2-1);
    thr=bayes(coefh,sigmahat);
    bayesC(st:st+S(jj,1)^2-1)=sthresh(coefh,thr);
    st=st+S(jj,1)^2;
    coefv=C(st:st+S(jj,1)^2-1);
    thr=bayes(coefv,sigmahat);
    bayesC(st:st+S(jj,1)^2-1)=sthresh(coefv,thr);
    st=st+S(jj,1)^2;
    coefd=C(st:st+S(jj,1)^2-1);
    thr=bayes(coefd,sigmahat);
    bayesC(st:st+S(jj,1)^2-1)=sthresh(coefd,thr);
    st=st+S(jj,1)^2;
end
bayespic=waverec2(bayesC,S,filtertype);
xd=bayespic;


function threshold=bayes(X,sigmahat)
  len=length(X);
  sigmay2=sum(X.^2)/len;
  sigmax=sqrt(max(sigmay2-sigmahat^2,0));
  if sigmax==0
     threshold=max(abs(X));
  else
     threshold=sigmahat^2/sigmax;
end
```

```
function op=sthresh(X,T);
    ind=find(abs(X)<=T);
    ind1=find(abs(X)>T);
    X(ind)=0;
    X(ind1)=sign(X(ind1)).*(abs(X(ind1))-T);
    op=X;
end
```

3.1.2　小波域各向异性扩散相干斑抑制算法

3.1.2.1　算法原理

对含噪声 SAR 图像 I 进行二维 Daubechies 小波变换，得到小波变换系数 β。在小波域利用各向异性扩散相干斑抑制算法对 SAR 图像进行相干斑抑制。

小波域各向异性扩散相干斑抑制算法包括三个步骤：首先，利用结构张量描述小波域的结构信息；其次，利用结构张量构造扩散张量，实现纹理增强；最后，进行二维 Daubechies 小波逆变换，获得相干斑抑制后的 SAR 图像。

算法 3.1　**小波域各向异性扩散相干斑抑制算法**

步骤 1：构造结构张量。

小波变换系数 β 的局部结构张量可以表示为

$$J(\nabla\boldsymbol{\beta}) = G * \left(\nabla\boldsymbol{\beta}(\nabla\boldsymbol{\beta})^{\mathrm{T}} \right) \tag{3.7}$$

式中，G 是标准差为 σ 的高斯函数；$*$ 表示卷积；∇ 表示拉普拉斯算子。

对式（3.7）进行特征值分解得到

$$J(\nabla\boldsymbol{W}) = [\boldsymbol{v}_1, \boldsymbol{v}_2] \begin{bmatrix} \lambda_1 & 0 \\ 0 & \lambda_2 \end{bmatrix} \begin{bmatrix} \boldsymbol{v}_1^{\mathrm{T}} \\ \boldsymbol{v}_2^{\mathrm{T}} \end{bmatrix} \tag{3.8}$$

式中，特征向量 $\boldsymbol{v}_i = \begin{bmatrix} v_{i1} \\ v_{i2} \end{bmatrix} (i=1,2)$ 表示图像局部纹理的方向特征；特征值 $\lambda_1 \geq \lambda_2$。

步骤 2：构造扩散张量。

扩散张量滤波方程表示为

$$\frac{\delta\boldsymbol{\beta}}{\delta t} = \nabla \cdot \left(\boldsymbol{D}\nabla\boldsymbol{\beta} \right) \tag{3.9}$$

式中，t 是扩散时间；扩散张量

$$\boldsymbol{D} = \begin{bmatrix} D_{11} & D_{12} \\ D_{21} & D_{22} \end{bmatrix} \tag{3.10}$$

是正定对称矩阵，其中，

$$D_{11} = \lambda_1 v_{11}^2 + \lambda_2 v_{21}^2 \tag{3.11}$$

$$D_{22} = \lambda_1 v_{12}^2 + \lambda_2 v_{22}^2 \tag{3.12}$$

$$D_{12} = D_{21} = \lambda_1 v_{11} v_{12} + \lambda_2 v_{21} v_{22} \tag{3.13}$$

利用差分对式（3.9）进行数值化处理得到：

$$\frac{\boldsymbol{\beta}_{ij}^{k+1} - \boldsymbol{\beta}_{ij}^{k}}{\tau} = \nabla \cdot \left(\boldsymbol{D} \nabla \boldsymbol{\beta}_{ij}^{k} \right) \tag{3.14}$$

式中，τ 是时间步长。

式（3.14）也可表示为

$$\boldsymbol{\beta}_{ij}^{k+1} = \boldsymbol{\beta}_{ij}^{k} + \tau \nabla \cdot \left(\boldsymbol{D} \nabla \boldsymbol{\beta}_{ij}^{k} \right) \tag{3.15}$$

步骤 3：进行二维 Daubechies 小波逆变换，获得相干斑抑制后的 SAR 图像。

小波域各向异性扩散相干斑抑制算法的 MATLAB 代码如下所示。

```
function [U,minv,SS] = Nonlinear_Diffusion(U_0,tau,eps,p,T,
    theta,sigma,fig_handle)
  if nargin<8; fig_handle = figure; end;
  if nargin<7; sigma = 0.5; end;
  if nargin<6; theta = 5; end;
  if nargin<5; T = 20; end;
  if nargin<4; p = 1; end; % TV flow
  if nargin<3; eps = 1e-3; end;
  if nargin<2; tau = 5; end;
  [sy sx d w] = size(U_0);
  eps2 = eps^2;
  N = sy * sx;
  ixx = zeros(1,5*N);
  ax = (1:N);
  ixy = repmat(ax,1,5);
  ixx(1:N) = ax;
  ixx((N+1):(2*N)) = ax -1 ;
  ixx((2*N+1):3*N) = ax -sy ;
```

```
ixx((3*N+1):4*N) = ax +sy ;
ixx((4*N+1):5*N) = ax +1 ;
IX_B.left = 1:sy;
IX_B.right = N-sy+1:N;
IX_B.top = 1:sy:N;
IX_B.bottom = sy:sy:N;
t_ix = ax;
t_ix(IX_B.left) = 0;
t_ix(IX_B.right) = 0;
t_ix(IX_B.top) = 0;
t_ix(IX_B.bottom) = 0;
ix_v = t_ix(t_ix~=0);
ix_ch_lr = reshape(reshape(ax,[sy sx])',[1 sy*sx]);
U = U_0(:);
su0 = sum(abs(U_0(:)));
if nargout > 2; SS = {double(U_0)}; end;
int_pd_norm = zeros(1,N);
int_pd_e1 = zeros(1,N);
IX_N.ix_i_jm1 = ix_v -1 ;
IX_N.ix_i_j = ix_v ;
IX_N.ix_i_jp1 = ix_v + 1;
IX_N.ix_ip1_jm1 = ix_v + sy - 1;
IX_N.ix_ip1_j = ix_v + sy;
IX_N.ix_ip1_jp1 = ix_v + sy + 1;
IX_N.ix_im1_jm1 = ix_v - sy - 1;
IX_N.ix_im1_j = ix_v - sy ;
IX_N.ix_im1_jp1 = ix_v - sy + 1;
plot_U(U_0,sy,sx,d,w,0,T,fig_handle,theta,N);
if sigma>0
    fl = 2*ceil(2*sigma)+1;
    f_reg = fspecial('gaussian',[fl fl],sigma);
end
for i = 1 : T
    g_arg_sq = inf * ones(d,w,5*N);
    PU = U;
    for tw = 1 : w
        for td = 1 : d
            ixstart = (td-1)*N + (tw-1)*d*N;
            tu = U((ixstart+1):(ixstart+N));
            tu(IX_B.left) = tu(IX_B.left+sy);
            tu(IX_B.right) = tu(IX_B.right-sy);
            tu(IX_B.top) = tu(IX_B.top+1);
            tu(IX_B.bottom) = tu(IX_B.bottom-1);
```

```
                U((ixstart+1):(ixstart+N)) = tu;
                if sigma>0
                    tu = reshape(filter2(f_reg,reshape(tu,[sy
                        sx]),'same'),N,1);
                end
                g_arg_sq(td,tw,:) =discretize(tu,IX_N,N,ix_v);
            end
        end
        [U] = solve_semi_implicit_scheme(U,g_arg_sq,ix_v,N,d,w,
            ax,tau,p,eps2,ixx,ixy,ix_ch_lr);
        if nargout>2; SS{end+1} = reshape(U,size(U_0)); end;
        a_pd_u_pd_t = reshape(mean(mean(abs(reshape(U,size(U_0)) -
            reshape(PU,size(U_0))),3),4),1,N);
        int_pd_norm = int_pd_norm + a_pd_u_pd_t;
        int_pd_e1 = int_pd_e1 + double(a_pd_u_pd_t ==0);
        AVG_TV = plot_U(U,sy,sx,d,w,i,T,fig_handle,theta,N);
        U = U * su0/sum(abs(U(:)));
        if AVG_TV < theta, break, end
    end
    U = reshape(U,size(U_0));
    if nargout> 1
        minv = int_pd_norm./(4)./(T - int_pd_e1 +eps);
        minv = reshape(minv,sy,sx);
    end
end


function val = g(mag2,eps2,p)
    val = 1./(mag2 + eps2).^(p/2);
end


function U = solve_tridiagonal(U,gs,ix,ixn1,ixn2,ixy,ixx,N,
    ax,tau,D,ix_ch_lr)
    val_ix = [ix ixn1 ixn2];
    ixy_v = ixy(val_ix);
    ixx_v = ixx(val_ix);
    g_v = [-(gs(ixn1) + gs(ixn2)); gs(ixn1); gs(ixn2)];
    A = sparse(ixy_v,ixx_v,g_v,N,N,length(val_ix));
    AA = sparse(ax,ax,ones(size(ax)),N,N,N) - D*tau * A;
    OU = U;
    if exist('ix_ch_lr','var')
        U = U(ix_ch_lr);
```

```
        AA = AA(ix_ch_lr,ix_ch_lr);
    end
    if ~is_tridiagonal(AA), error('invalid matrix'); end
    b = full(diag(AA)); c = full(diag(AA,1)); a = full(diag(AA,-1));
    U = thomas_mex(b,c,a,U)';
    if exist('ix_ch_lr','var'), U(ix_ch_lr) = U; end;
    ixch = OU ~= U;
    soldixch = sum(abs(OU(ixch)));
    snewixch = sum(abs(U(ixch)));
    U(ixch) = U(ixch) * soldixch/snewixch;
end


function g_arg_sq = discretize(U,IX_N,N,ix_v)
    g_arg_sq = zeros(1,5*N);
    g_arg_sq(N+ix_v) = (U(IX_N.ix_i_j) - U(IX_N.ix_i_jm1)).^2 +
        1/16*(U(IX_N.ix_ip1_jm1) - U(IX_N.ix_im1_jm1) +
        U(IX_N.ix_ip1_j) - U(IX_N.ix_im1_j)).^2;
    g_arg_sq(2*N+ix_v) = (U(IX_N.ix_i_j) - U(IX_N.ix_im1_j)).^2 +
        1/16*(U(IX_N.ix_im1_jp1) - U(IX_N.ix_im1_jm1) +
        U(IX_N.ix_i_jp1) - U(IX_N.ix_i_jm1)).^2;
    g_arg_sq(3*N+ix_v) = (U(IX_N.ix_ip1_j) - U(IX_N.ix_i_j)).^2 +
        1/16*(U(IX_N.ix_ip1_jp1) - U(IX_N.ix_ip1_jm1) +
        U(IX_N.ix_i_jp1) - U(IX_N.ix_i_jm1)).^2;
    g_arg_sq(4*N+ix_v) = (U(IX_N.ix_i_jp1) - U(IX_N.ix_i_j)).^2 +
        1/16*(U(IX_N.ix_ip1_jp1) - U(IX_N.ix_im1_jp1) +
        U(IX_N.ix_ip1_j) - U(IX_N.ix_im1_j)).^2;
end


function [U] = solve_semi_implicit_scheme(U,g_arg_sq,ix_v,N,D,
    W,ax,tau,p,eps2,ixx,ixy,ix_ch_lr)
    gs = squeeze(g(sum(sum(g_arg_sq,1),2),eps2,p));
    for tw = 1 : W
        for td = 1 : D
            ixstart = (td-1)*N + (tw-1)*D*N ;
            U_bt = solve_tridiagonal(U((ixstart+1):
                (ixstart+N)),gs,ix_v,ix_v+N,ix_v+4*N,
                ixy,ixx,N,ax,tau,2); % top and bottom
            U_lr = solve_tridiagonal(U((ixstart+1):
                (ixstart+N)),gs,ix_v,ix_v+2*N,ix_v+3*N,
                ixy,ixx,N,ax,tau,2,ix_ch_lr);
            U((ixstart+1):(ixstart+N)) = (U_bt + U_lr)/2;
```

```
            end
        end
end


function AVG_TV = plot_U(U,sy,sx,d,w,t,T,fig_handle,theta,N)
    [TV,AVG_TV] = calc_TV(U,sy,sx,N,w,d);
    if isempty(fig_handle), return, end;
    figure(fig_handle);
    U = reshape(U(:),[sy sx d w]);
    if w*d == 1 || w*d == 3
    if w*d == 3
            U = (U-min(U(:)))/(max(U(:)) - min(U(:)));
    end
        imagesc(U);
    if d==1,colormap(gray);end
    else
        s = ceil(sqrt(w*d));
        for td = 1 : d
            for tw = 1 : w
                dim = (tw-1)*d+td;
                subplot(s,s,dim);
                imagesc(U(:,:,td,tw)); colormap gray;
            end
        end
    end
    title(sprintf('It %d(%d), avgtv=%0.1f, theta=%0.1f',t,T,AVG_TV,theta));
    drawnow;
end


function [TV,AVG_TV] = calc_TV(U,sy,sx,N,w,d)
    stv = zeros(sy,sx);
    for tw = 1 : w
        for td = 1 : d
            ixstart = (td-1)*N + (tw-1)*d*N;
            ttu = reshape(U((ixstart+1):(ixstart+N)),[sy sx]);
            [ttux ttuy] = gradient(ttu);
            ttugm = sqrt(ttux.^2 + ttuy.^2);
            stv = stv + ttugm;
        end
    end
    TV = sum(stv(:));
```

```
    AVG_TV = mean(stv(:))/w/d;
end


function res=is_tridiagonal(AA)
    res = full(sum(sum((AA + tril(triu(AA)) - (triu(AA) -
        triu(AA,2)) - (tril(AA) - tril(AA,-2))) ~=0))) == 0;
end
```

3.1.2.2 实验结果及分析

实验参数选取：小波分解层数选为 5，局部邻域的窗口大小选为 5 像素×5 像素。图 3.3 所示为小波域各向异性扩散 SAR 图像相干斑抑制。

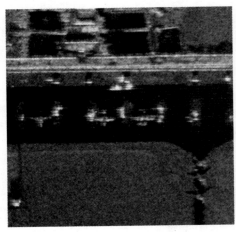

（a）SAR 图像　　　　　　　　　　　（b）相干斑抑制后的 SAR 图像

图 3.3　小波域各向异性扩散 SAR 图像相干斑抑制

小波域各向异性扩散相干斑抑制算法在小波域对小波变换系数运用变分法进行相干斑抑制。可以发现，该算法中的小波变换系数是通过迭代方式获得的，相比于小波域贝叶斯相干斑抑制算法具有较高的计算复杂度，并且也凸显了各向异性扩散算法的边缘保持特性，其不足之处在于小波变换系数的相干斑抑制程度难以把握。另外，由于小波的先天不足，相干斑抑制后的 SAR 图像仍可见斑驳的条纹。

3.2　SAR 图像相干斑抑制的剪切波域算法

由于小波分析对一维信号所具有的优异特性无法简单地推广到二维或更高维信号。为了解决线奇异性函数和面奇异性函数的表示问题，研究者从小波分析出发，将仿射几何与多尺度分析结合起来，发展了多尺度几何分析理论。也就是说，发展多尺度几何分析是为了表示高维空间的数据，这些高维空间数据的主要特点是数据的部分特征集中体现在其低维空间中。对于二维图像数据，其部分特征可以由边缘刻画。其中，剪切波是一种结合了轮廓波和曲线波优点的新型多尺度几何分析工具。对于 SAR 图像等二维信号，剪切波不但具有点奇异性，并且能够自适应地跟踪奇异曲线的方向。

3.2.1　剪切波原理

小波变换仅能够很好地处理点奇异性特征，不能有效地处理二维或更高维空间的奇异性特征。譬如，对于具有丰富纹理特征的 SAR 图像，小波变换不能精确地对其进行表示。为了克服小波变换的这种限制，科研工作者将仿射几何和多尺度分析结合起来构造了剪切波框架。剪切波是一种结合了轮廓波和曲线波优点的新型多尺度几何分析工具，通过对基本函数的缩放、剪切、平移等仿射变换，生成具有不同特性的剪切波函数。剪切波对于二维空间中的奇异曲线、奇异曲面具有最优逼近特性。

在小波变换中，对于 $\boldsymbol{k} \in \mathbb{Z}^2$，小波集合为 $\left\{\boldsymbol{\varPsi}_{jk}(\boldsymbol{x})\right\}$，其中，

$$\boldsymbol{\varPsi}_{jk}(\boldsymbol{x}) = \sqrt{2^j}\,\boldsymbol{\varPsi}_{jk}\left(2^j \boldsymbol{x} - \boldsymbol{k}\right) \tag{3.16}$$

于是，可以定义合成小波：

$$\boldsymbol{\varPsi}_{jlk}(\boldsymbol{x}) = \sqrt{\det(\boldsymbol{A})^j}\,\boldsymbol{\varPsi}_{jk}\left(\boldsymbol{B}^l \boldsymbol{A}^j \boldsymbol{x} - \boldsymbol{k}\right) \tag{3.17}$$

式中，j 是尺度参数；l 是剪切参数；$\boldsymbol{k}$ 是平移参数；$j, l \in \mathbb{Z}$；$\boldsymbol{k} \in \mathbb{Z}^2$；$\boldsymbol{\varPsi} \in L^2(\mathbb{R}^2)$；$\boldsymbol{A}$、$\boldsymbol{B}$ 是 2×2 的可逆矩阵，且 $\left|\det(\boldsymbol{B})\right| = 1$。通过对比式（3.16）和式（3.17），可以直观地将合成小波理解为用矩阵 $\boldsymbol{A}$、$\boldsymbol{B}$ 对小波变换进行的调制。通过用 $\boldsymbol{A}^j$、$\boldsymbol{B}^j$ 代替传统小波中的 2^j，合成小波具有不同尺度、不同位置、各方向上的基元素。

当式（3.17）中取 $\boldsymbol{A} = \boldsymbol{A}_0 = \begin{bmatrix} 4 & 0 \\ 0 & 2 \end{bmatrix}$、$\boldsymbol{B} = \boldsymbol{B}_0 = \begin{bmatrix} 1 & 1 \\ 0 & 1 \end{bmatrix}$ 时，所得到的合成小波就是本节所讨论的剪切波。其中，矩阵 $\boldsymbol{A}_0$ 是和尺度变换相关联的各向异性膨胀矩阵；矩阵 $\boldsymbol{B}_0$ 是和保持面积不变的几何变换相关联的剪切矩阵。

对于任意的 $\boldsymbol{\xi} = (\xi_1, \xi_2) \in \mathbb{R}^2$，$\xi_1 \neq 0$，定义

$$\boldsymbol{\varPsi}^{(0)}(\boldsymbol{\xi}) = \boldsymbol{\varPsi}^{(0)}(\xi_1, \xi_2) = \hat{\boldsymbol{\varPsi}}_1(\xi_1)\hat{\boldsymbol{\varPsi}}_2\left(\frac{\xi_2}{\xi_1}\right) \tag{3.18}$$

式中，$\hat{\boldsymbol{\varPsi}}_1$、$\hat{\boldsymbol{\varPsi}}_2$ 是一维小波基。在本节中，$\hat{\boldsymbol{\varPsi}}_1$ 的支撑 $\mathrm{supp}\left(\hat{\boldsymbol{\varPsi}}_1\right) \subset [-1/2, 1/16] \bigcup [1/16, 1/2]$，$\hat{\boldsymbol{\varPsi}}_2$ 的支撑 $\mathrm{supp}\left(\hat{\boldsymbol{\varPsi}}_2\right) \subset [-1, 1]$，由此，可以得到函数 $\boldsymbol{\varPsi}_{jlk}^{(0)}$ 的支撑：

$$\text{supp } \boldsymbol{\varPsi}_{jlk}^{(0)} \subset \left\{ (\xi_1, \xi_2) \middle| \xi_1 \in \left[-2^{2j-1}, -2^{2j-4} \right] \cup \left[2^{2j-4}, 2^{2j-1} \right], \left| \xi_2/\xi_1 + l2^{-j} \right| \leqslant 2^{-j} \right\} \quad （3.19）$$

于是，可以构造水平方向剪切波基元素集：

$$\left\{ \boldsymbol{\varPsi}_{jlk}^{(0)}(\boldsymbol{x}) = 2^{\frac{3j}{2}} \boldsymbol{\varPsi}^{(0)} \left(\boldsymbol{B}_0^l \boldsymbol{A}_0^j \boldsymbol{x} - \boldsymbol{k} \right) \middle| j \geqslant 0, -2^j \leqslant l \leqslant 2^j - 1, \boldsymbol{k} \in \mathbb{Z}^2 \right\} \quad （3.20）$$

式中，j 是尺度参数；l 是剪切参数；$\boldsymbol{k}$ 是平移参数。

同理，可以构造垂直方向的剪切波基元素集，即令

$$\boldsymbol{A}_1 = \begin{bmatrix} 2 & 0 \\ 0 & 4 \end{bmatrix}, \quad \boldsymbol{B}_1 = \begin{bmatrix} 1 & 0 \\ 1 & 1 \end{bmatrix} \quad （3.21）$$

构造 $\boldsymbol{\varPsi}^{(1)}$ 如下：

$$\boldsymbol{\varPsi}^{(1)}(\boldsymbol{\xi}) = \boldsymbol{\varPsi}^{(1)}(\xi_1, \xi_2) = \hat{\boldsymbol{\varPsi}}_1(\xi_1) \hat{\boldsymbol{\varPsi}}_2 \left(\frac{\xi_2}{\xi_1} \right) \quad （3.22）$$

式中，$\hat{\boldsymbol{\varPsi}}_1$、$\hat{\boldsymbol{\varPsi}}_2$ 的构造方式与水平方向的相同。于是，得到垂直方向的剪切波基元素集：

$$\left\{ \boldsymbol{\varPsi}_{jlk}^{(1)}(\boldsymbol{x}) = 2^{\frac{3j}{2}} \boldsymbol{\varPsi}^{(1)} \left(\boldsymbol{B}_1^l \boldsymbol{A}_1^j \boldsymbol{x} - \boldsymbol{k} \right) \middle| j \geqslant 0, -2^j \leqslant l \leqslant 2^j - 1, \boldsymbol{k} \in \mathbb{Z}^2 \right\} \quad （3.23）$$

$\boldsymbol{\varPsi}_{jlk}^{(0)}(\boldsymbol{x})$、$\boldsymbol{\varPsi}_{jlk}^{(1)}(\boldsymbol{x})$ 是 $L^2\left(\mathbb{R}^2\right)$ 的一个 Parseval 框架。

剪切波的数理特性如下：

（1）剪切波具有良好的局部化特性，在频域具有紧支撑，在空域是快速衰减的。

（2）剪切波满足抛物线尺度化，每个基元素 $\boldsymbol{\varPsi}_{jlk}$ 支撑在大小为 $2^{2j} \times 2^j$ 的梯形上，且支撑随 $j \to \infty$ 迅速变窄。

（3）剪切波具有良好的方向敏感性。在频域，基元素 $\boldsymbol{\varPsi}_{jlk}$ 是沿着斜率为 $-l2^{-j}$ 的直线的；在空域，基元素 $\boldsymbol{\varPsi}_{jlk}$ 是沿着斜率为 $l2^{-j}$ 的直线的。

（4）剪切波是空间局部化的，任意方向、尺度都能通过平移获得。

（5）剪切波具有最优的稀疏表示特性。

由上述特性可知，剪切波具有紧支撑，且在各尺度、各方向上具有良好的定位能力，是 SAR 图像稀疏表示的有效工具。SAR 图像剪切波变换就是将 SAR 图像 $\boldsymbol{I}$ 映射为 $\left\langle \boldsymbol{I}, \boldsymbol{\varPsi}_{jlk}^{(d)} \right\rangle$，其中 $d = 0, 1$，$j \geqslant 0$，$\boldsymbol{k} \in \mathbb{Z}^2$，$-2^j \leqslant l \leqslant 2^j - 1$。

剪切波算法的 **MATLAB** 代码如下所示。

```matlab
function d = shear_trans(x,pfilt,shear)
    level = length(shear);
    y = atrousdec(x,pfilt,level);
    d{1}=y{1};
    for j = 1:level
        y{j+1} = fft2((y{j+1}));
    end
    for j = 1:level
        num = size(shear{j},3);
        for k=1:num
            d{j+1}(:,:,k) = (ifft2(shear{j}(:,:,k).*y{j+1}));
        end
    end
end



function dshear=shearing_filters_Myer(m,num,L)
    for j = 1:length(num)
        n1 = m(j); level = num(j);
        [x11,y11,x12,y12,F1]=gen_x_y_cordinates(n1);
        N=2*n1;
        M=2^level+2;
        wf=windowing(ones(N,1),2^level,1);
        w_s{j}=zeros(n1,n1,M);
        w = zeros(n1,n1);
        for k=1:M,
            temp=wf(:,k)*ones(N/2,1)';
            w_s{j}(:,:,k)=rec_from_pol(temp,n1,x11,y11,x12,y12,F1);
            w = w + w_s{j}(:,:,k);
        end
        for k = 1:M
            w_s{j}(:,:,k) = sqrt(1./w.*w_s{j}(:,:,k));
            w_s{j}(:,:,k) =
                real(fftshift(ifft2(ifftshift((w_s{j}(:,:,k))))));
        end
    end
    for j = 1:length(num)
        [r c n] = size(w_s{j});
        w = zeros(L);
        for k = 1:n
            shear{j}(:,:,k) = zeros(L);
```

```
            shear{j}(1:r,1:c,k) = w_s{j}(:,:,k);
            tmp = fft2(shear{j}(:,:,k));
            shear{j}(:,:,k) = tmp;
            w = w + tmp.^2;
        end
        z = zeros(L);
        for k = 2:n-1
            dshear{j}(:,:,k) = sqrt(1./w.*shear{j}(:,:,k).^2);
            z = z+dshear{j}(:,:,k).^2;
        end
        s = 1-z;
        dshear{j}(:,:,1) = sqrt([zeros(L/2) ones(L/2);
            ones(L/2) zeros(L/2)].*s);
        dshear{j}(:,:,n) = sqrt([ones(L/2) zeros(L/2);
            zeros(L/2) ones(L/2)].*s);
    end
end


function x = inverse_shear(d,pfilt,shear)
    level = length(shear);
    for j = 1:level
        num(j) = size(shear{j},3);
    end
    y{1}=d{1};
    [r c] = size(y{1});
    for j = 1:level
        y{j+1} = zeros(r,c);
    end
    for j = 1:level
        for k=1:num(j),
            y{j+1} = y{j+1}+ifft2(fft2(d{j+1}(:,:,k)).*
                shear{j}(:,:,k));
        end
    end
    x=real(atrousrec(y,pfilt));
end


function x=atrousrec(y,fname)
    Nlevels=length(y)-1;
    [h0,h1,g0,g1] = atrousfilters(fname);
    x = y{1};
```

```
    I2 = eye(2);
    for i=Nlevels-1:-1:1
        y1=y{Nlevels-i+1};
        shift = -2^(i-1)*[1,1] + 2;
        L=2^i;
        x = atrousc(symext(x,upsample2df(g0,i),shift),g0,L*I2)+
            atrousc(symext(y1,upsample2df(g1,i),shift),g1,L*I2);
    end
    shift=[1,1];
    x = conv2(symext(x,g0,shift),g0,'valid')+
        conv2(symext(y{Nlevels+1},g1,shift),g1,'valid');
end


function [h0,h1,g0,g1] = atrousfilters(fname)
    switch fname
    case'9-7'
    h0 = [0.00010448733363597687    0.000835898669087815
    0.0029256453418073525    0.005851290683614705
    0.007314113354518382    0.005851290683614705
    0.0029256453418073525    0.000835898669087815
    0.00010448733363597687;    0.000835898669087815
    0.003080092825681339    0.001762583572331734
    -0.007296122436400075    -0.013629023704276572
    -0.007296122436400075    0.001762583572331734
    0.003080092825681339    0.000835898669087815;
    0.0029256453418073525    0.001762583572331734
    -0.01306636838062783    -0.02131840020457929
    -0.018830187186854155    -0.02131840020457929
    -0.01306636838062783    0.001762583572331734
    0.0029256453418073525;    0.005851290683614705
    -0.007296122436400075    -0.02131840020457929
    0.0740121520471188    0.16436627826336664
    0.0740121520471188    -0.02131840020457929
    -0.007296122436400075    0.005851290683614705;
    0.007314113354518382    -0.013629023704276572
    -0.018830187186854155    0.16436627826336664
    0.3245066567828517    0.16436627826336664
    -0.018830187186854155    -0.013629023704276572
    0.007314113354518382;    0.005851290683614705
    -0.007296122436400075    -0.02131840020457929
    0.0740121520471188    0.16436627826336664
    0.0740121520471188    -0.02131840020457929
```

-0.007296122436400075   0.005851290683614705;
0.0029256453418073525   0.001762583572331734
-0.01306636838062783   -0.02131840020457929
-0.018830187186854155   -0.02131840020457929
-0.01306636838062783   0.001762583572331734
0.0029256453418073525;   0.000835898669087815
0.003080092825681339   0.001762583572331734
-0.007296122436400075   -0.013629023704276572
-0.007296122436400075   0.001762583572331734
0.003080092825681339   0.000835898669087815;
0.00010448733363597687   0.000835898669087815
0.0029256453418073525   0.005851290683614705
0.007314113354518382   0.005851290683614705
0.0029256453418073525   0.000835898669087815
0.00010448733363597687];

h1= [0.0014261212986601578   0.008556727791960947
0.021391819479902367   0.028522425973203154
0.021391819479902367   0.008556727791960947
0.0014261212986601578;   0.008556727791960947
0.01351698519464063   -0.022942609349085995
-0.055805733503531366   -0.022942609349085995
0.01351698519464063   0.008556727791960947;
0.021391819479902367   -0.022942609349085995
-0.1692097602584649   -0.24975066285895303
-0.1692097602584649   -0.022942609349085995
0.021391819479902367;   0.028522425973203154
-0.055805733503531366   -0.24975066285895303
1.669154993235563   -0.24975066285895303
-0.055805733503531366   0.028522425973203154;
0.021391819479902367   -0.022942609349085995
-0.1692097602584649   -0.24975066285895303
-0.1692097602584649   -0.022942609349085995
0.021391819479902367;   0.008556727791960947
0.01351698519464063   -0.022942609349085995
-0.055805733503531366   -0.022942609349085995
0.01351698519464063   0.008556727791960947;
0.0014261212986601578   0.008556727791960947
0.021391819479902367   0.028522425973203154
0.021391819479902367   0.008556727791960947
0.0014261212986601578];

g0= [-0.0014261212986601578   -0.008556727791960947

```
    -0.021391819479902367    -0.028522425973203154
    -0.021391819479902367    -0.008556727791960947
    -0.0014261212986601578;   -0.008556727791960947
    -0.020709925973203154    -0.005829153765164099
    0.012648088832156207    -0.005829153765164099
    -0.020709925973203154    -0.008556727791960947;
    -0.021391819479902367    -0.005829153765164099
    0.1692097602584649    0.3072941890874532
    0.1692097602584649    -0.005829153765164099
    -0.021391819479902367;    -0.028522425973203154
    0.012648088832156207    0.3072941890874532
    0.5322473485641878    0.3072941890874532
    0.012648088832156207    -0.028522425973203154;
    -0.021391819479902367    -0.005829153765164099
    0.1692097602584649    0.3072941890874532
    0.1692097602584649    -0.005829153765164099
    -0.021391819479902367;    -0.008556727791960947
    -0.020709925973203154    -0.005829153765164099
    0.012648088832156207    -0.005829153765164099
    -0.020709925973203154    -0.008556727791960947;
    -0.0014261212986601578    -0.008556727791960947
    -0.021391819479902367    -0.028522425973203154
    -0.021391819479902367    -0.008556727791960947
    -0.0014261212986601578];


    g1= [0.00010448733363597687    0.000835898669087815
    0.0029256453418073525    0.005851290683614705
    0.007314113354518382    0.005851290683614705
    0.0029256453418073525    0.000835898669087815
    0.00010448733363597687;    0.000835898669087815
    0.0036070965270211808    0.004924605780370786
    0.0006089330836975557    -0.0030889496774797283
    0.0006089330836975557    0.004924605780370786
    0.0036070965270211808    0.000835898669087815;
    0.0029256453418073525    0.004924605780370786
    -0.006742323964549725    -0.024480422412618347
    -0.03147827601901037    -0.024480422412618347
    -0.006742323964549725    0.004924605780370786
    0.0029256453418073525;    0.005851290683614705
    0.0006089330836975557    -0.024480422412618347
    -0.06732496269441629    -0.09617379576343019
    -0.06732496269441629    -0.024480422412618347
    0.0006089330836975557    0.005851290683614705;
```

```
       0.007314113354518382    -0.0030889496774797283
       -0.03147827601901037    -0.09617379576343019
       0.849802834447164    -0.09617379576343019
       -0.03147827601901037    -0.0030889496774797283
       0.007314113354518382;    0.005851290683614705
       0.0006089330836975557    -0.024480422412618347
       -0.06732496269441629    -0.09617379576343019
       -0.06732496269441629    -0.024480422412618347
       0.0006089330836975557    0.005851290683614705;
       0.0029256453418073525    0.004924605780370786
       -0.006742323964549725    -0.024480422412618347
       -0.03147827601901037    -0.024480422412618347
       -0.006742323964549725    0.004924605780370786
       0.0029256453418073525;    0.000835898669087815
       0.0036070965270211808    0.004924605780370786
       0.0006089330836975557    -0.0030889496774797283
       0.0006089330836975557    0.004924605780370786
       0.0036070965270211808    0.000835898669087815;
       0.00010448733363597687    0.000835898669087815
       0.0029256453418073525    0.005851290683614705
       0.007314113354518382    0.005851290683614705
       0.0029256453418073525    0.000835898669087815
       0.00010448733363597687];

 h0 = h0 ;
 h1 = h1./2 ;
 g0 = g0./2;
 g1 = g1;

case'maxflat'

 h0=[-7.900496718847182e-07    0    0.00001422089409392 4927
 0.00002528158 9500310983    -0.000049773129328737247
 -0.00022753430550279883    -0.00033182086219158167;
 0    0    0    0    0    0    0;
 0.00001422089409392 4927    0    -0.0002559760936906487
 -0.00045506861100559767    0.0008959163279172705
 0.004095617499050379    0.00597277551944847;
 0.00002528158 9500310983    0    -0.00045506861100559767
 0.0009765625    0.0015927401385195919    -0.0087890625
 -0.01795090623402861;    -0.000049773129328737247    0
 0.0008959163279172705    0.0015927401385195919
 -0.0031357071477104465    -0.014334661246676327
```

```
-0.020904714318069645;   -0.00022753430550279883   0
0.004095617499050379   -0.0087890625   -0.014334661246676327
0.0791015625   0.16155815610625748;   -0.00033182086219158167
0   0.00597277551944847   -0.01795090623402861
-0.020904714318069645   0.16155815610625748
0.3177420190660832];

g0=[-6.391587676622346e-010   0   1.7257286726880333e-08
3.067962084778726e-08   -1.3805829381504267e-07
-5.522331752601707e-07   -3.3747582932565985e-07
1.9328161134105974e-06   5.6949046198705095e-06
7.649452131381623e-06;   0   0   0   0   0
0   0   0;
1.7257286726880333e-08   0   -4.65946741625769e-07
-8.283497628902559e-07   3.727573933006152e-06
0.000014910295732024608   9.111847391792816e-06
-0.00052186035062086126   -0.00015376242473650378
-0.00020653520754730382;   3.067962084778726e-08   0
-8.283497628902559e-07   -1.2809236054493144e-06
6.6267981031220475e-06   0.00002305662489808766
0.000010064497559808503   -0.0000806981871433068
-0.00021814634152337594   -0.00028666046030363884;
-1.3805829381504267e-07   0   3.727573933006152e-06
6.6267981031220475e-06   -0.00002982059146404215
-0.00011928236585619686   -0.00007289477913434253
0.000417488280496689   0.0012300993978920302
0.0016522816603784306;   -5.522331752601707e-07   0
0.000014910295732024608   0.00002305662489808766
-0.00011928236585619686   -0.00041501924816557786
-0.00018116095607655303   0.0014525673685795225
0.0039266341474207675   0.005159888285465499;
-3.3747582932565985e-07   0   9.111847391792816e-06
0.000010064497559808503   -0.00007289477913434253
-0.00018116095607655303   0.001468581806076247
0.0006340633462679356   -0.01181401175635013
-0.021745034491193898;   1.9328161134105974e-06   0
-0.00052186035062086126   -0.0000806981871433068
0.000417488280496689   0.0014525673685795225
0.0006340633462679356   -0.005083985790028328
-0.013743219515972684   -0.018059608999129246;
5.6949046198705095e-06   0   -0.00015376242473650378
-0.00021814634152337594   0.0012300993978920302
0.0039266341474207675   -0.01181401175635013
```

-0.013743219515972684   0.0826466923977296

0.1638988884584603;

7.649452131381623e-06   0   -0.00020653520754730382

-0.00028666046030363884   0.0016522816603784306

0.00515988285465499   -0.021745034491193898

-0.018059608999129246   0.1638988884584603

0.31358726209239235];

g1=[-7.900496718847182e-07   0   0.00014220894093924927

0.00025281589500310983   -0.00049773129328737247

-0.00022753430550279883   -0.00033182086219158167;   0

0   0   0   0   0;   0.00014220894093924927   0

-0.0002559760936906487   -0.00045506861100559767

0.0008959163279172705   0.004095617499050379

0.00597277551944847;   0.00025281589500310983   0

-0.00045506861100559767   -0.0009765625   0.0015927401385195919

0.0087890625   0.01329909376597139;   -0.00004977312932873247

0   0.0008959163279172705   0.0015927401385195919

-0.0031357071477104465   -0.014334661246676327

-0.020904714318069645;   -0.00022753430550279883   0

0.004095617499050379   0.0087890625   -0.014334661246676327

-0.0791015625   -0.1196918438937425;   -0.00033182086219158167

0   0.00597277551944847   0.01329909376597139

-0.020904714318069645   -0.1196918438937425

0.8177420190660831];

h1=[6.391587676622346e-010   0   -1.7257286726880333e-08

-3.067962084778726e-08   1.3805829381504267e-07

5.522331752601707e-07   3.3747582932565985e-07

-1.9328161134105974e-06   -5.6949046198705095e-06

-7.649452131381623e-06;   0   0   0   0   0   0   0

0   0   0;   -1.7257286726880333e-08   0

4.65946741625769e-07   8.283497628902559e-07

-3.727573933006152e-06   -0.0000149102957320024608

-9.111847391792816e-06   0.000052186035062086126

0.00015376242473650378   0.00020653520754730382;

-3.067962084778726e-08   0   8.283497628902559e-07

-2.9917573832012203e-07   -6.6267981031220475e-06

5.3851632897621965e-06   0.0000404986814408 1346

-0.0000188480715 1416769   -0.00023692226948222173

-0.0003769812640795245;   1.3805829381504267e-07   0

-3.727573933006152e-06   -6.6267981031220475e-06

0.00002982059146404 9215   0.00011928236585619686

```
    0.0000728947791343425 3    -0.000417488280496689
   -0.0012300993978920302    -0.0016522816603784306;
    5.522331752601707e-07   0   -0.00001491029573202460 8
    5.3851632897621965e-06    0.00011928236585619686
   -0.00009693293921571956   -0.0007289762659346422
    0.00033926528725501844    0.004264600850679991
    0.006785662753431441;   3.3747582932565985e-07   0
   -9.111847391792816e-06    0.00004049868144081346
    0.0000728947791343425 3    -0.0007289762659346422
   -0.001468581806076247    0.002551416930771248
    0.01181401175635013    0.017093222023136675;
   -1.9328161134105974e-06   0   0.00005218603506208612 6
   -0.00001884807151416769    -0.000417488280496689
    0.00033926528725501844    0.002551416930771248
   -0.0011874285053925643    -0.01492610297737997
   -0.023749819637010044;   -5.6949046198705095e-06   0
    0.00015376242473650378    -0.00023692226948222173
   -0.0012300993978920302    0.004264600850679991
    0.01181401175635013    -0.01492610297737997
   -0.082646692397729 6    -0.12203257624594532;
   -7.649452131381623e-06   0   0.00020653520754730382
   -0.0003769812640795245    -0.0016522816603784306
    0.006785662753431441    0.017093222023136675
   -0.023749819637010044    -0.12203257624594532
    0.821896776039774];

    g0 = [g0    fliplr(g0(:,1:end-1))];
    g0 = [g0 ; flipud(g0(1:end-1,:))];
    h0 = [h0    fliplr(h0(:,1:end-1))];
    h0 = [h0 ; flipud(h0(1:end-1,:))];


    g1 = [g1    fliplr(g1(:,1:end-1))];
    g1 = [g1 ; flipud(g1(1:end-1,:))];
    h1 = [h1    fliplr(h1(:,1:end-1))];
    h1 = [h1 ; flipud(h1(1:end-1,:))];

case'pyr'
    h0 = [-0.003236043456039806    -0.012944173824159223
    -0.019416260736238835;    -0.012944173824159223    0.0625
    0.15088834764831843;    -0.019416260736238835
    0.15088834764831843    0.3406092167691145];

    g1 = [-0.003236043456039806    -0.012944173824159223
```

```
-0.019416260736238835;   -0.012944173824159223 -0.0625
-0.09911165235168155;   -0.019416260736238835
-0.09911165235168155  0.8406092167691145];

g0 = [ -0.00016755163599004882   -0.001005309815940293
-0.002513274539850732   -0.003351032719800976;
-0.001005309815940293   -0.005246663087920392
-0.01193886400821893   -0.015395021472477663;
-0.002513274539850732   -0.01193886400821893
0.06769410071569153  0.15423938036811946;
-0.003351032719800976   -0.015395021472477663
0.15423938036811946  0.3325667382415921];

h1 = [ 0.00016755163599004882   0.001005309815940293
0.002513274539850732   0.003351032719800976;
0.001005309815940293   -0.0012254238241592198
-0.013949483640099517   -0.023437500000000007;
0.002513274539850732   -0.013949483640099517
-0.06769410071569153   -0.10246268507148255;
0.003351032719800976   -0.023437500000000007
-0.10246268507148255  0.8486516952966369];

g0 = [g0   fliplr(g0(:,1:end-1))];
g0 = [g0 ; flipud(g0(1:end-1,:))];
h0 = [h0   fliplr(h0(:,1:end-1))];
h0 = [h0 ; flipud(h0(1:end-1,:))];

g1 = [g1   fliplr(g1(:,1:end-1))];
g1 = [g1 ; flipud(g1(1:end-1,:))];
h1 = [h1   fliplr(h1(:,1:end-1))];
h1 = [h1 ; flipud(h1(1:end-1,:))];

case'pyrexc'
    h0 = [-0.003236043456039806   -0.012944173824159223
    -0.019416260736238835;   -0.012944173824159223
    0.0625   0.15088834764831843;
    -0.019416260736238835   0.15088834764831843
    0.3406092167691145];

    h1 = [-0.003236043456039806  -0.012944173824159223
    -0.019416260736238835;   -0.012944173824159223
    -0.0625   -0.09911165235168155 ;
    -0.019416260736238835   -0.09911165235168155
```

```
0.8406092167691145];

    g0 = [ -0.00016755163599004882   -0.001005309815940293
    -0.002513274539850732   -0.003351032719800976;
    -0.001005309815940293   -0.005246663087920392
    -0.01193886400821893   -0.015395021472477663;
    -0.002513274539850732   -0.01193886400821893
    0.06769410071569153   0.15423938036811946;
    -0.003351032719800976   -0.015395021472477663
    0.15423938036811946   0.3325667382415921];

    g1 = [0.00016755163599004882   0.001005309815940293
    0.002513274539850732   0.003351032719800976;
    0.001005309815940293   -0.0012254238241592198
    -0.013949483640099517   -0.023437500000000007;
    0.002513274539850732   -0.013949483640099517
    -0.06769410071569153   -0.10246268507148255;
    0.003351032719800976   -0.023437500000000007
    -0.10246268507148255   0.8486516952966369];

    g0 = [g0   fliplr(g0(:,1:end-1))];
    g0 = [g0 ; flipud(g0(1:end-1,:))];
    h0 = [h0   fliplr(h0(:,1:end-1))];
    h0 = [h0 ; flipud(h0(1:end-1,:))];

    g1 = [g1   fliplr(g1(:,1:end-1))];
    g1 = [g1 ; flipud(g1(1:end-1,:))];
    h1 = [h1   fliplr(h1(:,1:end-1))];
    h1 = [h1 ; flipud(h1(1:end-1,:))];
    end
end


function [y tmp] = atrousdec(x,fname,Nlevels)
    [h0,h1,g0,g1] = atrousfilters(fname);
    y = cell(1,Nlevels+1);
    shift = [1, 1];
    y0 = conv2(symext(x,h0,shift),h0,'valid');
    y1 = conv2(symext(x,h1,shift),h1,'valid');

    y{Nlevels+1} = y1;
    x = y0;
    I2 = eye(2);
```

```
    for i=1:Nlevels-1
      shift = -2^(i-1)*[1,1] + 2; L=2^i;
      y0 = atrousc(symext(x,upsample2df(h0,i),shift),h0,I2 * L);
      y1 = atrousc(symext(x,upsample2df(h1,i),shift),h1,I2 * L);
      y{Nlevels-i+1} = y1;
      x=y0;
    end
    y{1}=x;
end


/* A MEX-FILE for matlab*/

#include "mex.h"
#include <math.h>
#define OUT      plhs[0]
#define SIGNAL  prhs[0]
#define FILTER  prhs[1]
#define MMATRIX prhs[2]
#define LINPOS(row,col,collen) (row*collen)+col

void mexFunction(int nlhs, mxArray *plhs[], int nrhs, const mxArray
    *prhs[])
{
    double *FArray,*SArray,*outArray,*M;
    int SColLength,SRowLength,FColLength,FRowLength,O_SColLength,
        O_SRowLength;
    int SFColLength,SFRowLength;
    int n1,n2,l1,l2,k1,k2,f1,f2, kk2, kk1;
    double sum;
    int M0,M3,sM0,sM3;
    SColLength = mxGetM(SIGNAL);
    SRowLength = mxGetN(SIGNAL);
    FColLength = mxGetM(FILTER);
    FRowLength = mxGetN(FILTER);

    SFColLength = FColLength-1;
    SFRowLength = FRowLength-1;

    FArray = mxGetPr(FILTER);
    SArray = mxGetPr(SIGNAL);
    M = mxGetPr(MMATRIX);
    M0 = (int)M[0];
```

```
M3 = (int)M[3];
sM0 = M0-1;
sM3 = M3-1;
O_SColLength = SColLength - M0*FColLength + 1;
O_SRowLength = SRowLength - M3*FRowLength + 1;
OUT = mxCreateDoubleMatrix(O_SColLength, O_SRowLength, mxREAL);
outArray = mxGetPr(OUT);
for (n1=0;n1<O_SRowLength;n1++){
    for (n2=0;n2<O_SColLength;n2++){
        sum=0;
        kk1 = n1 + sM0;
        for (k1=0;k1<FRowLength;k1++){
            kk2 = n2 + sM3;
            for (k2=0;k2<FColLength;k2++){
                f1 = SFRowLength - k1;
                f2 = SFColLength - k2;
                sum+= FArray[LINPOS(f1,f2,FColLength)] *
                    SArray[LINPOS(kk1,kk2,SColLength)];
                kk2+=M3;
            }
            kk1+=M0;
        }
        outArray[LINPOS(n1,n2,O_SColLength)] = sum;
    }
}
return;
}
```

3.2.2　剪切波域硬阈值相干斑抑制算法

3.2.2.1　算法原理

剪切波是一种继承了轮廓波和曲线波优点的新型多尺度几何分析工具，通过对基本函数的缩放、剪切和平移等仿射变换获得具有不同特性的剪切波函数，对于 SAR 图像的线奇异性和面奇异性具有最优的逼近特性。接下来给出剪切波域硬阈值相干斑抑制算法。

算法 3.2　**剪切波域硬阈值相干斑抑制算法**

步骤 1：计算 SAR 图像 I 的剪切波变换系数高频分量 β_d^j $(1\leq j\leq J)$ 的高频对角线分量，其中，j 是分解层数，d 是方向指标，估计噪声方差为 $\hat{\sigma}_n^2$。

步骤 2：计算 SAR 图像 I 的剪切波变换系数 γ_d^j，其中，j 是分解层数，$1\leq j\leq J$，d 是方向指标。

步骤3：利用因子 $\lambda_j\left(1\leqslant j\leqslant J\right)$ 调制剪切波变换系数，即

$$\hat{\gamma}_d^j = \lambda_j \gamma_d^j, \quad 1\leqslant j\leqslant J \tag{3.24}$$

其中，因子 λ_j 用于控制低频信息和高频信息，即可用于抑制噪声等高频信息，也可用于抑制虚假边缘信息的出现。

步骤4：设定收缩阈值 $\delta=\mu\hat{\sigma}_n^2$ 和迭代次数 T，初始化相干斑抑制后的 SAR 图像 $\hat{I}$ 为0。

（1）计算残差 $\boldsymbol{\varepsilon}=\boldsymbol{I}-\hat{\boldsymbol{I}}$。

（2）计算残差 $\boldsymbol{\varepsilon}$ 的剪切波变换系数 $\hat{\gamma}_d^j$，这里 j 是分解层数，$1\leqslant j\leqslant J$。

（3）将 $\hat{\gamma}_d^j$ 归一化的系数分量小于阈值 δ 的系数值设为0，仍记作 $\hat{\gamma}_d^j$。

（4）对 $\hat{\gamma}_d^j$ 做剪切波逆变换，得到相干斑抑制后的 SAR 图像 $\hat{I}$。

步骤5：输出结果 $\hat{I}$。

剪切波域硬阈值相干斑抑制算法的 MATLAB 代码如下所示。

```
clc;
clear all;
close all;
display_flag=0;
sigma=20;
x_noisy=double(imread('image.png'));
[L L]=size(x_noisy);
lpfilt='maxflat';
shear_parameters.dcomp =[3  3  4  4];
shear_parameters.dsize =[32 32 16 16];
Tscalars=[0 3 4];
shear_version=2;
if shear_version==0,
  [dst,shear_f]=nsst_dec1e(x_noisy,shear_parameters,lpfilt);
elseif shear_version==1,
  [dst,shear_f]=nsst_dec1(x_noisy,shear_parameters,lpfilt);
elseif shear_version==2,
  [dst,shear_f]=nsst_dec2(x_noisy,shear_parameters,lpfilt);
end
if shear_version==0,
  dst_scalars=nsst_scalars_e(L,shear_f,lpfilt);
else
  dst_scalars=nsst_scalars(L,shear_f,lpfilt);
end
if display_flag==1,
  figure(1)
```

```
    imagesc(dst{1})
     for i=1:length(dst)-1,
        l=size(dst{i+1},3);
        JC=ceil(l/2);
        JR=ceil(l/JC);
        figure(i+1)
         for k=1:l,
            subplot(JR,JC,k)
            imagesc(abs(dst{i+1}(:,:,k)))
            axis off
            axis image
         end
     end
end
dst=nsst_HT(dst,sigma,Tscalars,dst_scalars);
if shear_version==0,
    xr=nsst_rec1(dst,lpfilt);
elseif shear_version==1,
    xr=nsst_rec1(dst,lpfilt);
elseif shear_version==2,
    xr=nsst_rec2(dst,shear_f,lpfilt);
end
figure(10)
imagesc(x)
title(['ORIGINAL IMAGE, size = ',num2str(L),' x ',num2str(L)])
colormap('gray')
axis off
axis image
figure(11)
imagesc(xr)
title(['RESTORED IMAGE, MSE = ',num2str(p1)])
colormap('gray')
axis off
axis image


function [dst,shear_f]=nsst_dec2(x,shear_parameters,lpfilt)
    [L,L]=size(x);
    level=length(shear_parameters.dcomp);
    y = atrousdec(x,lpfilt,level);
    dst = cell(1,level+1);
    dst{1}=y{1};
    shear_f=cell(1,level);
```

```
    for i=1:level,
        w_s=shearing_filters_Myer(shear_parameters.dsize(i),
            shear_parameters.dcomp(i));
        for k=1:2^shear_parameters.dcomp(i),
            shear_f{i}(:,:,k) =( fft2(w_s(:,:,k),L,L)./L);
        end
    end
        for i=1:level,
            d=sqrt(sum((shear_f{i}).*conj(shear_f{i}),3));
            for k=1:2^shear_parameters.dcomp(i),
                shear_f{i}(:,:,k)=shear_f{i}(:,:,k)./d;
                dst{i+1}(:,:,k)=conv2p(shear_f{i}(:,:,k),y{i+1});
            end
        end
end


function dst_scalars=nsst_scalars(L,shear_f,lpfilt)
    noise=randn(L,L);
    level=length(shear_f);
    y_noise = atrousdec(noise,lpfilt,level);
    dst_scalars=cell(1,level+1);
    dst_noise=y_noise{1};
    dst_scalars{1}=median(abs(dst_noise(:) -
        median(dst_noise(:))))/.6745;
    for i=1:level,
        l=size(shear_f{i},3);
        for k=1:l,
            dst_noise=conv2p(shear_f{i}(:,:,k),y_noise{i+1});
            dst_scalars{i+1}(k)=median(abs(dst_noise(:) -
                median(dst_noise(:))))/.6745;
        end
    end
end


function dstn=nsst_HT(dst,sigma,Tscalars,dst_scalars)
    level=length(dst)-1;
    dstn = cell(1,level+1);
    dstn{1}=dst{1}.*(abs(dst{1}) >
        Tscalars(1)*sigma*dst_scalars{1});
        for i=1:level-1,
          l=size(dst{i+1},3);
            for k=1:l,
```

```
            dstn{i+1}(:,:,k)=
                dst{i+1}(:,:,k).*(abs(dst{i+1}(:,:,k)) >
                Tscalars(2)*sigma*dst_scalars{i+1}(k));
            end
        end
    i=level;
    l=size(dst{i+1},3);
    for k=1:l,
        dstn{i+1}(:,:,k)=dst{i+1}(:,:,k).*(abs(dst{i+1}(:,:,k)) >
            Tscalars(3)*sigma*dst_scalars{i+1}(k));
    end
end


function x=nsst_rec2(dst,shear_f,lpfilt)
    level=length(dst)-1;
    y{1}=dst{1};
    for i=1:level,
        l=size(dst{i+1},3);
        for k=1:l,
            dst{i+1}(:,:,k)=conv2p(conj(shear_f{i}(:,:,k)),
                dst{i+1}(:,:,k));
        end
        y{i+1} = real(sum(dst{i+1},3));
    end
    x=real(atrousrec(y,lpfilt));
end
```

3.2.2.2　实验结果及分析

实验各项参数选取：$T=10$，尺度参数 $\mu=3$，分解层数 $J=5$，因子参数 $\lambda_1=\lambda_2=\lambda_3=\lambda_4=\lambda_5=1.5$。图 3.4 所示为剪切波域硬阈值 SAR 图像相干斑抑制。

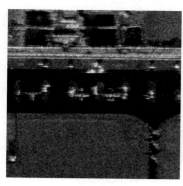 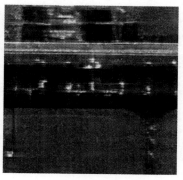

（a）SAR 图像　　　　　　　　（b）相干斑抑制后的 SAR 图像

图 3.4　剪切波域硬阈值 SAR 图像相干斑抑制

剪切波域硬阈值相干斑抑制算法在剪切波域对变换系数运用硬阈值方法进行处理。可以发现，该算法的阈值是由变换域高频分量的方差获得的，其在相干斑抑制和纹理保持方面均有一定的优势，但是相干斑抑制的效果仍然不是很理想。

3.3 SAR 图像相干斑抑制的稀疏优化算法

3.3.1 稀疏优化模型

SAR 图像的强度测量值、反射系数与相干斑噪声具有复杂的非线性关系，相干斑噪声可以看成不同后向散射波之间的一种干涉现象，这些散射单元随机地分散在分辨单元的表面上。这里考虑 SAR 图像的强度测量值、反射系数与相干斑噪声的关系模型，并以此为基础获得相干斑抑制算法的优化模型。

当 SAR 图像的分辨单元小于目标的空间细节时，认为 SAR 图像中像素的退化是彼此独立的，相干斑噪声可以被建模为乘性噪声，即

$$I = N\bar{I} \tag{3.25}$$

式中，I 是获取的 SAR 图像；$\bar{I}$ 是场景分辨单元的平均强度；N 是相干斑噪声。SAR 图像中的相干斑噪声不仅包含乘性噪声还包含加性噪声，故将乘性噪声模型转化为加性噪声模型，形式如下：

$$I = \bar{I} + \bar{I}(N-1) \tag{3.26}$$

乘性噪声的方差随着观测强度和场景后向散射的变化而变化。本节采用式（3.26）所示的加性噪声模型。

稀疏优化（Sparse Optimization，SP）是指在满足一定的约束条件下，运用最优化算法求出具有稀疏性的解。最近几年，随着稀疏表示理论的发展，研究者分析了许多字典设计算法和稀疏优化算法，并且将二者结合起来进行分析，以实现信号的稀疏表示。本节运用冗余离散余弦超完备字典 $\boldsymbol{\Psi}_0$，设 $\boldsymbol{\Psi}_1$ 和 $\boldsymbol{\Psi}_2$ 分别是带限、非抽样、紧支撑小波和带限、紧支撑剪切波的正交变换基。稀疏超完备字典的 SAR 图像相干斑抑制问题可以描述为如下稀疏优化模型：

$$(\tilde{V}, \tilde{W}_j, \tilde{S}_j) = \arg\min_{V, W_j, S_j} \left\| \boldsymbol{\Psi}_0^{\mathrm{T}} V \right\|_1 + \left\| \boldsymbol{\Psi}_1^{\mathrm{T}} W_j \right\|_1 + \left\| \boldsymbol{\Psi}_2^{\mathrm{T}} S_j \right\|_1, \text{满足} \left\| I - V - W_j - S_j \right\|_2 < \varepsilon \tag{3.27}$$

式中，$\boldsymbol{\Psi}_0^{\mathrm{T}}$、$\boldsymbol{\Psi}_1^{\mathrm{T}}$ 和 $\boldsymbol{\Psi}_2^{\mathrm{T}}$ 分别为 $\boldsymbol{\Psi}_0$、$\boldsymbol{\Psi}_1$ 和 $\boldsymbol{\Psi}_2$ 的逆变换；$\boldsymbol{\Psi}_0^{\mathrm{T}} V$、$\boldsymbol{\Psi}_1^{\mathrm{T}} W_j$ 和 $\boldsymbol{\Psi}_2^{\mathrm{T}} S_j$ 分别是 SAR 图

像 I 所对应的低频分量 V、高频分量 W_j 和 S_j 在 Ψ_0、Ψ_1、Ψ_2 下的变换系数，j 为多分辨率尺度，且 $0 \leqslant j \leqslant J$。

求解式（3.27）所示的稀疏优化模型得到 V、W_j 和 S_j，$0 \leqslant j \leqslant J$，进而得到相干斑抑制后的 SAR 图像 $\bar{I}$：

$$\bar{I} = V - \sum_j W_j - \sum_j S_j \tag{3.28}$$

对式（3.28）进行优化求解是一个比较复杂的过程，这里将其分解为两个步骤进行处理：首先构造冗余离散余弦超完备字典 Ψ_0，通过求解如下优化问题获得反映场景分辨单元平均强度的低频分量 V：

$$\tilde{V} = \arg\min_{V} \left\| \Psi_0^{\mathrm{T}} V \right\|_1 ，满足 \left\| I - V \right\|_2 < \varepsilon \tag{3.29}$$

通过求解式（3.29）可以获得低频分量 V。然后求解如下优化问题：

$$\left(\tilde{W}_j, \tilde{S}_j \right) = \arg\min_{W_j, S_j} \left\| \Psi_1^{\mathrm{T}} W_j \right\|_1 + \left\| \Psi_2^{\mathrm{T}} S_j \right\|_1 ，满足 \left\| I - \tilde{V} - W_j - S_j \right\|_2 < \varepsilon \tag{3.30}$$

通过求解式（3.30）可以获得高频分量 W_j 和 S_j，$0 \leqslant j \leqslant J$。接下来，分别用低频分量稀疏优化算法和高频分量稀疏优化算法求解式（3.29）和式（3.30）。

3.3.2 模型求解方法

3.3.2.1 低频分量稀疏优化算法

对 SAR 图像 I 的每个像素取 h_0 邻域，将 $I(i,j)$ （$0 \leqslant i \leqslant M$，$0 \leqslant j \leqslant N$）的 $h_0 \times h_0$ 邻域中的列向量首尾相接重排为 h_0^2 维列向量，这些列向量组成信号集合 X，即 X 中的元素是 SAR 图像中各像素的局部邻域像素所构成的列向量。信号集合 X 在冗余字典 Ψ_0 下的稀疏表示系数集合为 α。

算法 3.3 **低频分量稀疏优化算法**

步骤 1：选取冗余离散余弦变换矩阵作为字典 Ψ_0。

步骤 2：在 ℓ^2 范数意义下归一化字典 Ψ_0 的各原子。

步骤 3：用 OMP 算法计算信号集合 X 在字典 Ψ_0 下的稀疏表示系数集合 α，即求解如下优化问题，对于 $\forall X^l \in X$，$l = 1, 2, \cdots, L$，

$$\arg\min \left\| \alpha^l \right\|_{\ell^0} ，满足 \left\| X^l - \Psi_0 \alpha^l \right\|_2 \leqslant \varepsilon_X \tag{3.31}$$

式中，X^l表示X的第l个元素；α^l表示α的第l个元素；ℓ^0表示0范数；$\arg\min\|\bullet\|_{\ell^0}$表示非0元素的最小个数。

步骤4：输出结果Ψ_0和α。

步骤5：Γ_{ij}为集合$\Psi_0\alpha$中对应于(i,j)位置像素I_{ij}的向量均值，令$V=\Gamma$，得到低频分量。这里，Γ是以Γ_{ij}为元素的二维数据。

选取一组实测 SAR 图像，如图 3.5（a）和图 3.5（c）所示。图 3.5（a）所示的实测 SAR 图像是在新墨西哥州阿尔伯克基国际机场获取的（3m 分辨率）。图 3.5（c）所示的实测 SAR 图像是在新墨西哥州阿尔伯克基地区的马场获取的（1m 分辨率）。低频分量稀疏优化算法中的各项参数选取：字典Ψ_0的原子个数为144，滑动窗口大小的$h=6$像素，$\varepsilon_X=0.3M_I$，这里$M_I=\max\limits_{ij}\{I_{ij}\}$。SAR 图像低频分量如图 3.5 所示，图 3.5（b）和图 3.5（d）所示的分别是两张 SAR 图像获得的低频分量。

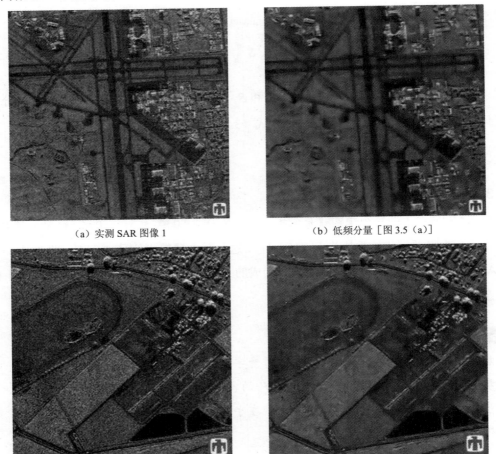

（a）实测 SAR 图像 1　　　　　　　　　　（b）低频分量［图 3.5（a）］

（c）实测 SAR 图像 2　　　　　　　　　　（d）低频分量［图 3.5（c）］

图 3.5　SAR 图像低频分量

接下来，将利用非抽取小波和剪切波获得 SAR 图像 I 在高频分量 $I-V$ 中的点奇异特征和线奇异特征，最后利用式（3.28）实现在稀疏表示框架下 SAR 图像的相干斑抑制。

3.3.2.2　高频分量稀疏优化算法

这里通过迭代阈值收缩算法求解 SAR 图像高频分量的稀疏优化模型。

算法 3.4　高频分量稀疏优化算法

步骤 1：计算高频分量 $I-V$ 的非抽取小波变换系数 β_d^j 和剪切波变换系数 γ_d^j，这里 j 是分解层数，$0 \leqslant j \leqslant J$，$d$ 是方向指标。

步骤 2：利用小波变换系数高频分量 β_d^j $(0 \leqslant j \leqslant J)$ 的高频对角线分量估计噪声 $\hat{\sigma}_n^2$。

步骤 3：利用因子 λ_j $(0 \leqslant j \leqslant J)$ 调制剪切波变换系数 γ_d^j，即 $\gamma_d^j = \lambda_j \gamma_d^j$ $(0 \leqslant j \leqslant J)$。因子 λ_j 用于控制高频信息，即可用于增强 SAR 图像的高频信息，也可用于抑制虚假边缘信息的出现。

步骤 4：设定收缩阈值 $T_3 = \mu \hat{\sigma}_n^2$ 和迭代次数 N_3，初始化高频分量 W_j 和 S_j $(0 \leqslant j \leqslant J)$ 为 0。

（1）计算残差：$\rho = I - V - W_j - S_j$。

（2）计算残差 ρ 的非抽取小波变换系数 $\overline{\beta_d^j}$ 和剪切波变换系数 $\overline{\gamma_d^j}$，这里 j 是分解层数，$0 \leqslant j \leqslant J$。

（3）分别将 $\overline{\beta_d^j}$ 和 $\overline{\gamma_d^j}$ 归一化的系数分量小于阈值的系数值设为 0，仍分别记作 $\overline{\beta_d^j}$ 和 $\overline{\gamma_d^j}$。

（4）对 $\overline{\beta_d^j}$ 和 $\overline{\gamma_d^j}$ 做小波逆变换和剪切波逆变换，得到高频分量 W_j 和 S_j $(0 \leqslant j \leqslant J)$。

步骤 5：输出结果 W_j 和 S_j。

图 3.6 所示为 SAR 图像高频分量。这里利用高频分量稀疏优化算法得到了 SAR 图像 I 的高频分量 W_j 和 S_j。于是，利用式（3.28）可以得到相干斑抑制后的 SAR 图像 $\bar{I}$。

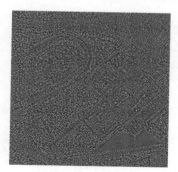

（a）高频分量［图 3.5（a）］　　　　　　　（b）高频分量［图 3.5（c）］

图 3.6　SAR 图像高频分量

3.3.3　实验结果及分析

稀疏优化算法中的各项参数选取：字典原子个数为 144，滑动窗口大小的 $h=6$ 像素，$\varepsilon_X = 0.3 M_I$，这里 $M_I = \max\limits_{ij}\{I_{ij}\}$，$N_3 = 10$，尺度参数 $\mu = 3$，分解层数 $J = 4$，因子参数 $\lambda_1 = \lambda_2 = \lambda_3 = \lambda_4 = 1.5$，Lee 滤波算法滑动窗口大小的 $h=5$ 像素。K-SVD 算法中的各项参数选取：字典原子个数 $k=144$，滑动窗口大小的 $h=6$ 像素，SAR 图像等效视数估计为 2。SAR 图像相干斑抑制系统基于 MATLAB 平台开发。选取一组实测 SAR 图像，如图 3.5（a）所示。Lee 滤波算法、IACDF 算法、K-SVD 算法、稀疏优化算法所得到的 SAR 图像相干斑抑制结果如图 3.7（a）～图 3.7（d）所示。

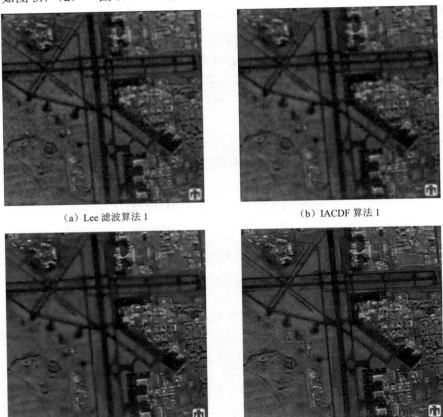

（a）Lee 滤波算法 1　　　　　　　　　（b）IACDF 算法 1

（c）K-SVD 算法 1　　　　　　　　　（d）稀疏优化算法 1

图 3.7　四种算法所得到的 SAR 图像相干斑抑制结果 1

对于 SAR 图像的相干斑抑制性能评价指标，这里主要考虑边缘保持指数 α 和对比度滤波指数（CII）。对比度滤波指数 CII 定义为

$$\mathrm{CII} = \frac{\sigma_I^2}{\sqrt[4]{M_{\bar{I}}}}\frac{\sqrt[4]{M_I}}{\sigma_{\bar{I}}^2} \tag{3.32}$$

式中，σ_I^2 和 $\sigma_{\bar I}^2$ 是原 SAR 图像 I 和相干斑抑制后 SAR 图像 $\bar I$ 的方差；M_I 和 $M_{\bar I}$ 是原 SAR 图像 I 和相干斑抑制后 SAR 图像 $\bar I$ 的四阶矩。边缘保持指数越大，边缘保持得越好。对比度滤波指数越大，SAR 图像相干斑抑制的效果越好。四种算法的性能评价 1 如表 3.1 所示。

表 3.1　四种算法的性能评价 1

指标	Lee 滤波算法	IACDF 算法	K-SVD 算法	稀疏优化算法
α	0.4156	0.3236	0.3415	0.6708
CII	0.8136	0.7723	0.7484	0.8739

选取另一组实测 SAR 图像，如图 3.5（c）所示的实测 SAR 图像。Lee 滤波算法、IACDF 算法、K-SVD 算法、稀疏优化算法所得到的 SAR 图像相干斑抑制结果如图 3.8（a）～图 3.8（d）所示。

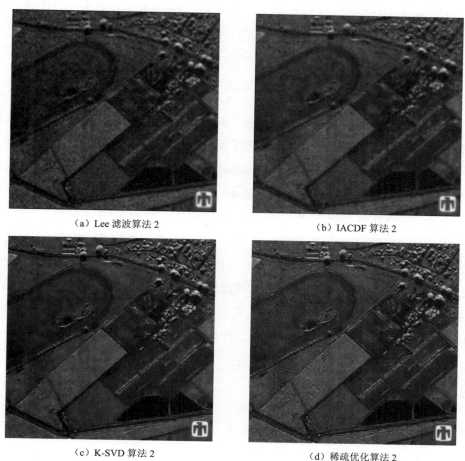

（a）Lee 滤波算法 2　　　　　　（b）IACDF 算法 2

（c）K-SVD 算法 2　　　　　　（d）稀疏优化算法 2

图 3.8　四种算法所得到的 SAR 图像相干斑抑制结果 2

运用 SAR 图像的相干斑抑制性能评价指标：边缘保持指数 α 和对比度滤波指数 CII，对图 3.8 所示四种算法的性能进行评价，四种算法的性能评价 2 如表 3.2 所示。

表 3.2　四种算法的性能评价 2

指标	Lee 滤波算法	IACDF 算法	K-SVD 算法	稀疏优化算法
α	0.3569	0.2803	0.4503	0.5748
CII	0.7957	0.7343	0.8164	0.8499

综合上述实验结果可知，Lee 滤波后的 SAR 图像中仍然包含较多的噪声点，而且点目标也存在一定程度的模糊。改进的自适应复扩散滤波器（IACDF）算法能够自适应地选择阈值参数，相比于传统 Lee 滤波算法具有更好的边缘锐化效果。稀疏优化算法利用新的稀疏优化模型和贪婪算法获得了 SAR 图像的低频分量，以及包含点奇异性和线奇异性的高频分量。低频分量稀疏优化算法重构 SAR 图像场景分辨单元的平均强度，在一定程度上抑制了相干斑噪声，而后利用带限、非抽样、紧支撑小波和带限、紧支撑剪切波实现了高频分量中线特征和点特征的相干斑抑制处理，综上所述，稀疏优化算法在多个方面优于 Lee 滤波算法、IACDF 算法和 K-SVD 算法。

3.4　小结

SAR 图像本身具有低频信息和高频信息，高频信息中又包括点奇异性和线奇异性等特征。现有的诸多算法倾向于综合处理，忽略了不同特征之间的区别。针对上述问题，本章依据 SAR 图像的主导结构信息建立了多元稀疏优化模型，通过求解多元稀疏优化模型对 SAR 图像的点、线、面等特征进行了稀疏表示。

基于多元稀疏优化模型的 SAR 图像相干斑抑制算法，针对 SAR 图像内在的结构信息，通过构建稀疏优化模型实现 SAR 图像各细节特征在多个超完备字典下的表示；运用正则化方法重建 SAR 图像的低频分量；利用小波、剪切波所具有的点奇异性、线奇异性捕捉 SAR 图像的细节特征；通过融合方式获得 SAR 图像场景分辨单元，从而实现了 SAR 图像的相干斑抑制。实验结果和性能分析表明，基于多元稀疏优化模型的 SAR 图像相干斑抑制算法对 SAR 图像相干斑噪声有很好的抑制效果，并且具有增强 SAR 图像细节信息的优点。

习题

3.1　简述二维 Daubechies 小波变换的原理。

3.2　简述剪切波函数在图像表示中的作用。

3.3　如何运用小波变换和剪切波变换实现 SAR 图像的稀疏特征表示呢？

3.4　试比较 K-SVD 算法、小波变换、剪切波变换的优缺点。

3.5　举例说明剪切波算法的优势。

## 第 4 章

SAR 图像目标检测的黎曼几何算法

信息几何是将现代几何理论方法应用于信息学领域而发展起来的一套理论体系，其在非线性问题分析处理中具有独特的优势。依据信息几何理论，针对所分析问题本身所具有的非线性特点，可通过构建微分流形的方式，定义具有线性结构的切丛，从而能像欧氏空间一样在切丛上定义内积，将非线性问题转化为局部线性问题求解。

本章旨在分析指数分布族的参数流形及其度量，分析参数空间的几何结构，探索微分几何理论应用于 SAR 图像目标检测问题的切入点。本章算法从指数分布族出发，构建参数流形，引入参数化的费希尔信息度量，构造切向量，对待检测目标区域进行显著性表示，实现 SAR 图像目标检测。

4.1 统计流形及其几何结构

4.1.1 费希尔信息度量

依据信息几何理论，在不同的不变性原则下，统计流形可以赋予不同的黎曼度量，即不同的几何结构。费希尔信息矩阵所具有的统计特性与几何特性，使其成了信息几何理论与应用中的切入点，常常被用于构建统计流形上的黎曼度量。

不失一般性，考虑指数分布族的密度函数 $p_\theta(x)$，$\boldsymbol{\theta} \in \Theta$，且

$$\int_{-\infty}^{+\infty} p_\theta(x)\mathrm{d}x = 1, \quad \boldsymbol{\theta} \in \Theta \tag{4.1}$$

式中，Θ 为指数分布族概率密度函数的参数空间。事实上，在参数空间 Θ 上定义黎曼度量的方式很多，针对不同问题场景，需要在众多黎曼度量中选取简洁、有效的度量。不失一般性，本章算法选取费希尔信息度量作为分析对象。

记 $\partial_i = \dfrac{\partial}{\partial \theta_i}$，则有

$$\int_{-\infty}^{+\infty} \partial_i \partial_j p_\theta(x) \mathrm{d}x = 0 , \qquad \boldsymbol{\theta} \in \Theta \tag{4.2}$$

于是，费希尔信息度量可表示为

$$g_{ij} = \int_{-\infty}^{+\infty} p_\theta(x) \partial_i \partial_j p_\theta(x) \mathrm{d}x \tag{4.3}$$

令 $\boldsymbol{u}, \boldsymbol{v} \in T_\theta$，这里 $T_\theta = T_\theta(\Theta)$ 为点 $\boldsymbol{\theta} \in \Theta$ 处的切空间，

$$\boldsymbol{u} = u^i \partial_i , \qquad \boldsymbol{v} = v^i \partial_i \tag{4.4}$$

则有

$$\boldsymbol{g}(\boldsymbol{u}, \boldsymbol{v}) = g_{ij} u^i v^j \tag{4.5}$$

4.1.2 高斯统计流形

高斯分布具有极其广泛的实际背景，雷达工程中很多随机变量的概率分布都可以近似地用正态分布来描述，其在信息几何中也占有相当重要的地位，是统计几何分析的核心内容之一。

考虑高斯分布族的密度函数

$$p(x; \mu, \sigma) = \frac{1}{\sigma \sqrt{2\pi}} \exp\left(-\frac{(x-\mu)^2}{2\sigma^2}\right) \tag{4.6}$$

式中，μ 和 σ 分别为高斯分布的均值和标准差。

对式（4.6）取对数得

$$\ln p(x; \mu, \sigma) = \frac{\theta_1^2}{4\theta_2} - \frac{1}{2}\ln\left(-\frac{\pi}{\theta_2}\right) + \theta_1 x + \theta_2 x^2 \tag{4.7}$$

式中，$(\theta_1, \theta_2) = (\mu/\sigma^\tau, -1/2\sigma^\tau)$，$\tau$ 为尺度调置参数。令

$$\varphi(\theta_1, \theta_2) = -\frac{\theta_1^2}{4\theta_2} + \frac{1}{2}\ln\left(-\frac{\pi}{\theta_2}\right) \tag{4.8}$$

则有

$$\ln p(x; \mu, \sigma) = \theta_1 x + \theta_2 x^2 - \varphi(\theta_1, \theta_2) \tag{4.9}$$

对式（4.9）两端关于 (θ_1, θ_2) 求偏导，得

$$\partial_i \partial_j \ln p(x; \mu, \sigma) = -\partial_i \partial_j \varphi(\theta_1, \theta_2) \tag{4.10}$$

于是

$$\int_{-\infty}^{+\infty} p(x; \mu, \sigma) \partial_i \partial_j \ln p(x; \mu, \sigma) = -\partial_i \partial_j \varphi(\theta_1, \theta_2) \tag{4.11}$$

则费希尔信息度量

$$g_{ij} = -\partial_i \partial_j \varphi(\theta_1, \theta_2) \tag{4.12}$$

或

$$\left[g_{ij} \right] = \begin{bmatrix} \sigma^\tau & 2\mu\sigma^\tau \\ 2\mu\sigma^\tau & 4\mu^3\sigma^\tau + 2\mu\sigma^{2\tau} \end{bmatrix} \tag{4.13}$$

4.1.3　威布尔统计流形

　　威布尔分布是工程领域中被广泛应用的一类经验统计模型，尤其适用于海杂波的拖尾分布形式。并且，威布尔分布可利用概率值较易地估计相应的分布参数，因此，本章采用威布尔分布对 SAR 图像海杂波数据进行统计建模。

　　考虑威布尔分布族的密度函数：

$$p(x; \lambda, \kappa) = \frac{\kappa}{\lambda}\left(\frac{x}{\lambda}\right)^{\kappa-1} \exp\left(-\left(\frac{x}{\lambda}\right)^\kappa\right), \quad x \geq 0 \tag{4.14}$$

式中，λ 和 κ 分别为威布尔分布族的尺度参数和形状参数。

　　对式（4.14）取对数得

$$\ln p(x; \lambda, \kappa) = \ln \kappa - \kappa \ln \lambda + (\kappa - 1)\ln x - \left(\frac{x}{\lambda}\right)^\kappa \tag{4.15}$$

令 $(\theta_1, \theta_2) = (\lambda, \kappa)$，则有

$$g_{ij} = -E\left(\frac{\partial^2 \ln p(x; \lambda, \kappa)}{\partial \theta_i \partial \theta_j}\right) \tag{4.16}$$

式中，E 是服从威布尔分布的随机变量 x 的期望。通过直接计算可得费希尔信息度量：

$$\left[g_{ij} \right] = \begin{bmatrix} \dfrac{\lambda^2}{\kappa^2} & \dfrac{\gamma-1}{\kappa} \\ \dfrac{\gamma-1}{\kappa} & \dfrac{(\gamma-1)^2+\pi^2/6}{\lambda^2} \end{bmatrix} \tag{4.17}$$

式中，γ 为欧拉常数（本章取其近似值 0.5772）。

4.2 SAR 图像目标检测算法

威布尔分布是常用的海杂波幅度统计分布模型。在分布模型参数估计应用中，常用的两种重要的估计方法为矩估计方法和极大似然估计方法。总体来讲，矩估计方法较易实行，但其性质不如极大似然估计方法好，因此，本章采用极大似然估计方法进行小样本下的分布模型参数估计。依据极大似然估计方法，威布尔分布模型中的尺度参数 $\lambda>0$ 和形状参数 $\kappa>0$ 的估计量，可由式（4.18）和式（4.19）联立得到。

$$\lambda = \frac{m}{(1/\kappa)\sum_{i=1}^{m} x_i^{\lambda}\ln x_i - \sum_{i=1}^{m}\ln x_i} \tag{4.18}$$

$$\kappa = \left[\frac{1}{m}\sum_{i=1}^{m}\ln x_i^{\lambda} \right]^{1/\lambda} \tag{4.19}$$

其中，样本 $\{x_i\}_{i=1}^{m}$ 来自服从威布尔分布的随机变量 x，于是有

$$\mu = \lambda\Gamma\left[\frac{\kappa+1}{\kappa}\right] \tag{4.20}$$

$$\sigma = \sqrt{\lambda^2\Gamma\left[\frac{\kappa+2}{\kappa}\right]-\mu^2} \tag{4.21}$$

式中，μ 和 σ 分别为威布尔分布的均值和标准差。

依据式（4.13）构建费希尔信息度量矩阵：

$$\left[g_{ij} \right] = \begin{bmatrix} \sigma^{\tau} & 2\mu\sigma^{\tau} \\ 2\mu\sigma^{\tau} & 4\mu^3\sigma^{\tau}+2\mu\sigma^{2\tau} \end{bmatrix} \tag{4.22}$$

令 $v \in T_{\theta}$，则

$$v = v^i\partial_i \tag{4.23}$$

其中,

$$v^1 = \frac{\lambda}{\sqrt{\lambda^2 + \kappa^2}}, \quad v^2 = \frac{\kappa}{\sqrt{\lambda^2 + \kappa^2}} \tag{4.24}$$

则

$$\boldsymbol{g}(\boldsymbol{v}, \boldsymbol{v}) = g_{ij} v^i v^j \tag{4.25}$$

即

$$\|\boldsymbol{v}\|^2 = \boldsymbol{v} \left[g_{ij} \right] \boldsymbol{v}^{\mathrm{T}} \tag{4.26}$$

式中, 向量 $\boldsymbol{v} = \left(v^1, v^2 \right)$; $\boldsymbol{v}^{\mathrm{T}}$ 是向量 $\boldsymbol{v}$ 的转置。

算法　基于黎曼几何的 SAR 图像目标检测算法

　　步骤 1: 选取大小为 h 像素×h 像素的滑动窗口, 获取图像块。

　　步骤 2: 对获取 SAR 图像 $\boldsymbol{I}$ 的各像素所对应的图像块, 运用式 (4.18) 和式 (4.19) 估计尺度参数 λ 和形状参数 κ。

　　步骤 3: 由所估计的尺度参数 λ 和形状参数 κ, 运用式 (4.26) 计算 $\|\boldsymbol{v}\|^2$。

　　步骤 4: 将各像素所对应的 $\|\boldsymbol{v}\|^2$ 值构建成二维矩阵 $\boldsymbol{I}_v$。

　　步骤 5: 针对 $\boldsymbol{I}_v$, 运用最大类间方差法进行二分类, 获得检测结果。

　　基于黎曼几何的 SAR 图像目标检测算法的 MATLAB 代码如下所示。

```
readimg = imread('img.png');
if size(readimg,3)>1
    img = im2double(rgb2gray(readimg));
else
    img = im2double(readimg);
end
img = img+1e-2;
[m,n]=size(img);
figure;
imshow(img,[],'Border','tight');axis off;
figure;
mesh(img);
axis([0 160 0 160 0 1])
set(gca,'FontSize',14);
set(get(gca,'XLabel'),'FontSize',14);
set(get(gca,'YLabel'),'FontSize',14);
```

```
set(get(gca,'ZLabel'),'FontSize',14);
h=9;
pimg = padarray(img,[floor(h/2),floor(h/2)],'replicate');
vpimg=im2col(pimg, [h,h], 'sliding');
D = [];
Scale=[];
Shape=[];
M=[];
rho=3;
for col=1:size(vpimg,2)
    temp = vpimg(:,col);
    [parmhat, parmci] = wblfit(temp);
    b = parmhat(1);
    c = parmhat(2);
    [mu,sigma] = wblstat(b,c);
    M=[M,mu];
    Scale=[Scale,b];
    Shape=[Shape,c];
    alpha=1/b;
    k=c;
    mu=mu;
    sigma=sigma^rho;
    g =[(sigma^2),2*mu*(sigma^2);2*mu*(sigma^2),2*(sigma^2)*
        (mu^2+(sigma))];
    v = [alpha,k];
    v=v/norm(v);
    f=@(v)v*g*v';
    D=[D,f(v)];
end
reM=reshape(abs(M),m,n);
reScale=reshape(abs(Scale),m,n);
reShape=reshape(abs(Shape),m,n);
figure;
imshow(reShape,[],'Border','tight');axis off;
reD=reshape(abs(D)/norm(abs(D)),m,n);
figure;
mesh(reD);
set(gca,'FontSize',14);
set(get(gca,'XLabel'),'FontSize',14);
set(get(gca,'YLabel'),'FontSize',14);
set(get(gca,'ZLabel'),'FontSize',14);
```

```
function [parmhat, parmci] = wblfit(x,alpha,censoring,freq,options)
    if ~isvector(x)
            error(message('stats:wblfit:BadData'));
    elseif any(x <= 0)
            error(message('stats:wblfit:BadData'));
    end
    if nargin < 2 || isempty(alpha)
            alpha = 0.05;
    end
    if nargin < 3 || isempty(censoring)
            censoring = [];
    elseif ~isempty(censoring) && ~isequal(size(x), size(censoring))
            error(message('stats:wblfit:CensSizeMismatch'));
    end
    if nargin < 4 || isempty(freq)
            freq = [];
    elseif ~isempty(freq) && ~isequal(size(x), size(freq))
            error(message('stats:wblfit:FreqSizeMismatch'));
    end
    if nargin < 5 || isempty(options)
            options = [];
    end
    if nargout <= 1
            parmhatEV = evfit(log(x),alpha,censoring,freq,options);
            parmhat = [exp(parmhatEV(1)) 1./parmhatEV(2)];
    else
            [parmhatEV,parmciEV] = evfit(log(x),alpha,censoring,freq,options);
            parmhat = [exp(parmhatEV(1)) 1./parmhatEV(2)];
            parmci = [exp(parmciEV(:,1)) 1./parmciEV([2 1],2)];
    end
end


function [parmhat, parmci] = evfit(x,alpha,censoring,freq,options)
    if ~isvector(x)
        error(message('stats:evfit:VectorRequired'));
    end
    if nargin < 2 || isempty(alpha)
        alpha = 0.05;
    end
    if nargin < 3 || isempty(censoring)
        censoring = zeros(size(x));
    elseif ~isempty(censoring) && ~isequal(size(x), size(censoring))
```

```
        error(message('stats:evfit:XCensSizeMismatch'));
end
if nargin < 4 || isempty(freq)
    freq = ones(size(x));
elseif ~isempty(freq) && ~isequal(size(x), size(freq))
    error(message('stats:evfit:XFreqSizeMismatch'));
else
    zerowgts = find(freq == 0);
    if numel(zerowgts) > 0
        x(zerowgts) = [];
        censoring(zerowgts) = [];
        freq(zerowgts) = [];
    end
end
if nargin < 5 || isempty(options)
    options = statset('evfit');
else
    options = statset(statset('evfit'),options);
end
classX = class(x);
n = sum(freq);
ncensored = sum(freq.*censoring);
nuncensored = n - ncensored;
rangex = range(x);
maxx = max(x);
if n == 0 || nuncensored == 0 || ~isfinite(rangex)
    parmhat = NaN(1,2,classX);
    parmci = NaN(2,2,classX);
    return
elseif ncensored == 0
    if rangex < realmin(classX)
        parmhat = [x(1) 0];
        if n == 1
            parmci = cast([-Inf 0; Inf Inf], classX);
        else
            parmci = [parmhat; parmhat];
        end
    return
    end
 else
    rangexUnc = range(x(censoring==0));
    if rangexUnc < realmin(classX)
        xunc = x(censoring==0);
```

```
        if xunc(1) >= maxx
            parmhat = [xunc(1) 0];
            if nuncensored == 1
                parmci = cast([-Inf 0; Inf Inf],classX);
            else
                parmci = [parmhat; parmhat];
            end
            return
        end
    end
end
x0 = (x - maxx) ./ rangex;
if ncensored == 0
    sigmahat = (sqrt(6)*std(x0))/pi;
    wgtmeanUnc = sum(freq.*x0) ./ n;
else
    if rangexUnc > 0
        [p,q] = ecdf(x0, 'censoring',censoring,
            'frequency',freq);
        pmid = (p(1:(end-1))+p(2:end)) / 2;
        linefit = polyfit(log(-log((1-pmid))), q(2:end), 1);
        sigmahat = linefit(1);
    else
        sigmahat = ones(classX);
    end
    wgtmeanUnc = sum(freq.*x0.*(1-censoring)) ./ nuncensored;
end
if lkeqn(sigmahat, x0, freq, wgtmeanUnc) > 0
    upper = sigmahat; lower = .5 * upper;
    while lkeqn(lower, x0, freq, wgtmeanUnc) > 0
        upper = lower;
        lower = .5 * upper;
        if lower < realmin(classX)
            error(message('stats:evfit:NoSolution'));
        end
    end
else
    lower = sigmahat; upper = 2 * lower;
    while lkeqn(upper, x0, freq, wgtmeanUnc) < 0
        lower = upper;
        upper = 2 * lower;
        if upper > realmax(classX)
            error(message('stats:evfit:NoSolution'));
```

```
            end
        end
    end
    bnds = [lower upper];
    [sigmahat, lkeqnval, err] = fzero(@lkeqn, bnds, options, x0, freq,
        wgtmeanUnc);
    if (err < 0)
        error(message('stats:evfit:NoSolution'));
    elseif eps(lkeqnval) > options.TolX
        warning(message('stats:evfit:IllConditioned'));
    end
    muhat = sigmahat .* log( sum(freq.*exp(x0./sigmahat)) ./
        nuncensored );
    parmhat = [(rangex*muhat)+maxx rangex*sigmahat];
    if nargout == 2
        probs = [alpha/2; 1-alpha/2];
        [~, acov] = evlike(parmhat, x, censoring, freq);
        transfhat = [parmhat(1) log(parmhat(2))];
        se = sqrt(diag(acov))';
        se(2) = se(2) ./ parmhat(2);
        parmci = norminv([probs, probs], [transfhat; transfhat], [se;
            se]);
        parmci(:,2) = exp(parmci(:,2));
    end
end


function v = lkeqn(sigma, x, w, xbarWgtUnc)
    w = w .* exp(x ./ sigma);
    v = sigma + xbarWgtUnc - sum(x .* w) / sum(w);
end
```

4.3 实验结果及分析

4.3.1 实验结果

为了验证本章目标检测算法的有效性，实验基于 MATLAB 仿真平台进行了仿真，所采用的 SAR 图像如图 4.1 所示（图像大小为 153 像素×151 像素），其中，图 4.1（a）和图 4.1（b）所示的图像各含有一个待检测目标。本章采用威布尔分布对海杂波进行统计建模。

（a）　　　　　　　　　　　　　　　（b）

图 4.1　SAR 图像

在实验过程中，设置滑动窗口大小的 $h=9$ 像素，尺度调置参数 $\tau=4$。针对滑动窗口所获得的各像素块，运用极大似然估计方法估计各像素局部邻域数据的尺度参数 λ 和形状参数 κ，依据式（4.22）计算相应的费希尔信息度量矩阵，并运用式（4.26）计算各像素所对应的特征切向量长度 $\|\boldsymbol{v}\|^2$，增强目标与背景之间的对比度。图 4.2 和图 4.3 所示的分别是图 4.1（a）和图 4.1（b）所示 SAR 图像的显著性目标图像 $\boldsymbol{I}_v$。

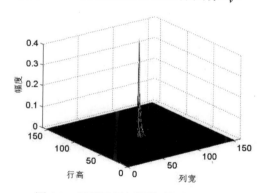

图 4.2　显著性目标图像 [图 4.1（a）]

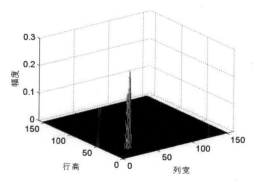

图 4.3　显著性目标图像 [图 4.1（b）]

不失一般性，运用最大类间方差法分别对图 4.2 和图 4.3 所示的显著性目标图像进行二分类，得到最终的检测结果，如图 4.4 所示。

（a）图 4.1（a）所示 SAR 图像的检测结果　　（b）图 4.1（b）所示 SAR 图像的检测结果

图 4.4　SAR 图像最终的检测结果

在实验中，本章算法运用威布尔分布对图像各像素局部邻域数据进行统计建模，借助舰船目标与其背景电磁散射的统计差异性，在参数流形上进行几何结构分析，将 SAR 图像各像素局部邻域数据映射成切丛中的切向量长度，提高目标与背景之间的对比度，实现了 SAR 图像舰船目标检测。实验结果表明，本章算法提供了一个将信息几何理论应用于 SAR 图像目标检测的好的切入点。

4.3.2　实验分析

SAR 图像系统的相干成像特点及复杂的海面状况，导致 SAR 图像中的海杂波分布具有较强的时变性、非平稳性、非高斯性等特征，严重影响了基于统计模型的传统 SAR 图像目标检测算法的性能。

图 4.1 所示 SAR 图像的三维网格图如图 4.5 和图 4.6 所示，SAR 图像中存在大量与目标比较相似的杂波尖峰，使得海杂波呈现出非高斯性，具有拖尾分布特征。图 4.7 和图 4.8 分别给出了图 4.1（a）和图 4.1（b）所示 SAR 图像数据的概率密度分布图和威布尔参数估计的概率分布曲线。由图 4.7 和图 4.8 可知，由威布尔参数估计得到的概率分布曲线在一定程度上能够拟合原 SAR 图像数据的概率密度分布图。

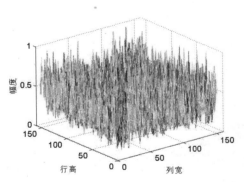

图 4.5　图 4.1（a）所示 SAR 图像的三维网格图

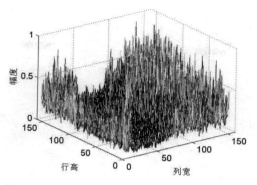

图 4.6 图 4.1（b）所示 SAR 图像的三维网格图

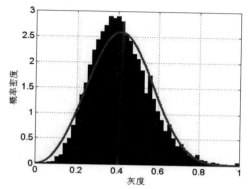

图 4.7 图 4.1（a）所示 SAR 图像数据的概率密度分布图和威布尔参数估计的概率分布曲线

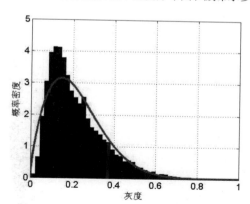

图 4.8 图 4.1（b）所示 SAR 图像数据的概率密度分布图和威布尔参数估计的概率分布曲线

为了进一步证明本章算法的有效性，运用基于威布尔分布模型的 CFAR 检测算法分别对图 4.1（a）和图 4.1（b）所示的 SAR 图像进行检测，其检测结果如图 4.9 所示。在实验过程中，相应的参数设置：目标窗口大小为 25 像素×25 像素，恒虚警率为 10^{-7}。相比于黎曼几何算法，基于威布尔分布模型的 CFAR 检测算法对海杂波中与目标比较相似的杂波尖峰比较敏感，检测结果往往具有较高的虚警率。

（a）图 4.1（a）所示 SAR 图像的检测结果　　（b）图 4.1（b）所示 SAR 图像的检测结果

图 4.9　基于威布尔分布模型的 CFAR 检测算法的检测结果

基于威布尔分布模型的 CFAR 检测算法的 MATLAB 代码如下所示。

```
function result=DPCFAR(imageData,TargetHeight,TargetWidth,Pfa)
    if mod(TargetHeight,2) == 0
        WinHeight=TargetHeight+1;
    else
        WinHeight=TargetHeight;
    end
    if mod(TargetWidth,2) == 0
        WinWidth=TargetWidth+1;
    else
        WinWidth= TargetWidth;
    end
    [imageHeight,imageWidth]=size(imageData);
    LogImage=log(double(imageData)+ones(imageHeight,imageWidth));
    imageTempData=zeros(imageHeight+2*WinHeight,
        imageWidth+2*WinWidth);
    for i=1:imageHeight
        for j=1:imageWidth
            imageTempData(i+WinHeight,j+WinWidth)=LogImage(i,j);
        end
    end
    for j=1:WinWidth
        for i=1:imageHeight
            imageTempData(i+WinHeight,j)=LogImage(i,1);
            imageTempData(i+WinHeight,j+imageWidth+WinWidth)=
                LogImage(i,imageWidth);
        end
    end
    for i=1:WinHeight
        for j=1:imageWidth
```

```
            imageTempData(i,j+WinWidth)=LogImage(1,j);
            imageTempData(i+imageHeight+WinHeight,j+WinWidth)=
                LogImage(imageHeight,j);
        end
    end
    for i=1:WinHeight
        for j=1:WinWidth
            imageTempData(i,j)=LogImage(1,1);
            imageTempData(i+imageHeight+WinHeight,j)=
                LogImage(imageHeight,1);
            imageTempData(i,j+imageWidth+WinWidth)=
                LogImage(1,imageWidth);
            imageTempData(i+imageHeight+WinHeight,j+
                imageWidth+WinWidth)=
                    LogImage(imageHeight,imageWidth);
        end
    end
    CFARData=zeros(imageHeight,imageWidth);
    for x=WinHeight+1:WinHeight+imageHeight
        for y=WinWidth+1:WinWidth+imageWidth
            average=0;squar=0;
            for i=-WinHeight:WinHeight
                average=average+imageTempData(x+i,y-WinWidth)+
                    imageTempData(x+i,y+WinWidth);
            end
            for j=-WinWidth+1:WinWidth-1
                average=average+imageTempData(x-WinHeight,y+j)+
                    imageTempData(x+WinHeight,y+j);
            end
            average=average/(4*(WinHeight+WinWidth));
            for i=-WinHeight:WinHeight
                squar=squar+(imageTempData(x+i,y-WinWidth)-
                    average)^2+(imageTempData(x+i,y+WinWidth)-
                    average)^2;
            end
        for j=-WinWidth+1:WinWidth-1
                squar=squar+(imageTempData(x-WinHeight,y+j)-
                    average)^2+(imageTempData(x+WinHeight,y+j)-
                    average)^2;
            end
            squar=squar/(4*(WinHeight+WinWidth));
            squar=sqrt(squar);
            if squar==0
```

```
            CFARData(x-WinHeight,y-WinWidth)=0;
        else
            CFARData(x-WinHeight,y-WinWidth)=
                (imageTempData(x,y)-average)/squar;
        end
    end
end
CFARpara=sqrt(6)*(log(log(1/Pfa))+0.5764)/pi;
result=CFARData>CFARpara;
SE=ones(1,2);
result=imerode(result,SE);
end
```

4.4　小结

本章针对 SAR 图像目标检测中海杂波数据的非均匀性、非平稳性特点，分析了信息几何理论应用于 SAR 图像目标检测领域的切入点，以及基于统计流形几何结构特征融合的图像感兴趣目标显著性表示方法。

本章首先对高斯分布族的费希尔信息度量引入了尺度调置参数，以优化统计流形上各点之间的距离测度，并运用威布尔分布族对 SAR 图像海杂波进行了建模。结合高斯统计流形上的费希尔信息度量形式，在威布尔统计流形上构建黎曼度量，以归一化的尺度参数和形状参数构造切向量，实现对 SAR 图像目标的显著性表示。理论分析和实验结果表明，信息几何检测算法有潜力超越现有基于传统统计学原理的检测算法，获得更加深刻、更加本质的结论。

习题

4.1　简述黎曼几何相较于欧氏几何的特点。

4.2　试分析费希尔信息度量的统计学含义。

4.3　什么是流形？

4.4　什么是高斯流形？高斯流形具有哪些几何特征？

4.5　请给出度量的定义，并解释其含义。

第 5 章
SAR 图像目标检测的芬斯勒
几何算法

本章旨在介绍基于芬斯勒几何理论的 SAR 图像目标检测算法。按现有的信息几何分析方法，一种方案是将芬斯勒几何分析方法直接作为所针对问题的分析工具，另外一种方案是通过概率统计作为桥梁实现问题的转化与分析，本章采用第二种方案。为了计算简便而又不失一般性，本章选取指数分布族中的 Gamma 类分布作为问题分析的案例，通过参数空间构建统计流形，将问题引入纯粹数学分析领域，通过构建不同芬斯勒度量张量，建立不同的几何结构，探索芬斯勒几何理论应用于 SAR 图像目标检测问题的切入点。本章意在以指数分布族作为案例，构建芬斯勒几何分析 SAR 图像目标检测问题的初始可行性框架，初步探索芬斯勒几何应用的方向和方法。本章虽然只是引入和分析了芬斯勒度量张量，但这是芬斯勒几何结构的基础，是进一步深入学习的起点。

5.1　芬斯勒流形结构

5.1.1　芬斯勒度量张量

微分几何的本质差异是完全通过度量张量的不同表述而唯一决定的。因此，对度量张量的分析无论是在理论层面还是在应用层面都具有十分重要的意义。芬斯勒几何是在其度量张量上没有二次型限制的黎曼几何，如果将芬斯勒几何表述为某个集合，则黎曼几何仅能表述这个几何空间中由临界面所连接的一些子集。

近些年来，芬斯勒几何理论在国内外都有较大的发展，尤其是大量芬斯勒度量张量的构造和芬斯勒流形空间几何结构的建立，使得芬斯勒几何学及其应用领域获得了长足发展。

在本章中，不失一般性，考虑如下芬斯勒度量张量定义：设 M 为 N 维光滑流形，TM 为流形 M 的切丛。定义映射

$$F:T\mathcal{M}\to[0,+\infty) \tag{5.1}$$

若映射 F 满足：

（1）正齐性。对任意 $\lambda>0$ 有

$$F(\boldsymbol{x},\lambda\boldsymbol{y})=\lambda F(\boldsymbol{x},\boldsymbol{y}) \tag{5.2}$$

（2）光滑性。在带孔切丛上 $F(\boldsymbol{x},\boldsymbol{y})$ 是任意阶可微的。

（3）正则性。在 $T\mathcal{M}/\{0\}$ 上，即对于任意 $\boldsymbol{y}\neq0$，

$$\boldsymbol{g}_{ij}(\boldsymbol{x},\boldsymbol{y})=\frac{1}{2}\frac{\partial^2 F^2}{\partial y^i\partial y^j}(\boldsymbol{x},\boldsymbol{y})=\frac{1}{2}\left(F^2\right)_{y^iy^j} \tag{5.3}$$

是正定矩阵，则称 F 为 N 维光滑流形 $\mathcal{M}$ 上的芬斯勒度量张量或芬斯勒结构。其中

$$\boldsymbol{g}=\boldsymbol{g}_{ij}(\boldsymbol{x},\boldsymbol{y})\mathrm{d}x^i\otimes\mathrm{d}x^j \tag{5.4}$$

称为基本张量或基本二次型。具备芬斯勒度量张量或芬斯勒结构的微分流形 $(\mathcal{M},F)$ 称为芬斯勒流形或芬斯勒空间。

令

$$F(\boldsymbol{x},\boldsymbol{y})=\frac{\sqrt{|\boldsymbol{y}|^2-\left(|\boldsymbol{x}|^2|\boldsymbol{y}|^2-\langle\boldsymbol{x},\boldsymbol{y}\rangle^2\right)}}{1-|\boldsymbol{x}|^2}+\frac{\langle\boldsymbol{x},\boldsymbol{y}\rangle}{1-|\boldsymbol{x}|^2} \tag{5.5}$$

式中，$|\boldsymbol{y}|=\sqrt{\langle\boldsymbol{y},\boldsymbol{y}\rangle}=\sqrt{a_{ij}y^iy^j}$；$\boldsymbol{y}=(y^i)$，$\boldsymbol{y}\in T_x\mathcal{M}$，即 $\boldsymbol{y}$ 是点 $\boldsymbol{x}$ 处的切向量。易证，所构造的 F 是芬斯勒度量张量。这里的 F 是一个特殊的芬斯勒度量张量，即 Randers 度量张量。

5.1.2　LogGamma 流形

依据 SAR 图像相干成像的物理散射机理，SAR 图像相干斑噪声可被视作乘性噪声模型，或可被视作雷达横截面（Radar Cross-Section，RCS）与单位均值指数强度分布噪声的乘积。基于以上假设，将对数引入到随机变量函数构造中，实现乘性模型到加性模型的转化，降低问题复杂度。

令 $x=\ln z$，定义概率密度函数（LogGamma 分布）：

$$\mathrm{LG}(z;\alpha,\beta)=\frac{\beta^\alpha z^{\beta-1}}{\Gamma(\alpha)}\left(\ln\frac{1}{z}\right)^{\alpha-1},\quad z\in(0,1] \tag{5.6}$$

于是，可得均值 μ 与标准差 σ 如下：

$$\mu = \left(\frac{\beta}{\beta+1}\right)^{\alpha} \tag{5.7}$$

$$\sigma = \sqrt{\left(\frac{\beta}{\beta+2}\right)^{\alpha} - \left(\frac{\beta}{\beta+1}\right)^{2\alpha}} \tag{5.8}$$

依据现代几何观点，每一个几何命题本质上并无对错之分，在更多时候只不过是实践下的一种选择。本章依据实践结论，构造正定光滑函数矩阵 $\lfloor a_{ij}(x) \rfloor$，其中，$a_{11}(x) = \sigma^{2\tau}$，$a_{12}(x) = a_{21}(x) = 2\mu\sigma^{2\tau}$，$a_{22}(x) = 2\sigma^{2\tau}(2\mu^2 + \sigma^{2\tau})$，$x = (\mu, \sigma)$，$\tau > 1$。

5.2　SAR 图像目标检测算法

本章所述的 SAR 图像目标检测算法本质上是对局部小样本数据进行回归建模，小样本数据集中存在的异常点或强影响点导致所建立回归模型的差异，将这一差异投射到流形空间中，实现对小目标的检测。

本章采用 LogGamma 分布对局部小样本数据进行建模，并利用极大似然估计方法进行小样本下的 LogGamma 分布模型参数估计。依据极大似然估计方法，LogGamma 分布模型中的形状参数 $\alpha > 0$ 和尺度参数 $\beta > 0$ 的估计量，可由式（5.9）和式（5.10）联立得到。

$$\ln\alpha - \frac{\mathrm{d}}{\mathrm{d}\alpha}\Gamma(\alpha) = \ln\left(\frac{\frac{1}{m}\sum_{i=1}^{m}x_i}{\left(\prod_{i=1}^{m}x_i\right)^{\frac{1}{m}}}\right) \tag{5.9}$$

$$\beta = \frac{\alpha}{\frac{1}{m}\sum_{i=1}^{m}x_i} \tag{5.10}$$

式中，样本 $\{x_i\}_{i=1}^{m}$ 来自服从 LogGamma 分布的随机变量 x。于是有

$$F(x, y) = F\left((\mu, \sigma), \left(\frac{\mu}{\sqrt{\mu^2 + \sigma^2}}, \frac{\sigma}{\sqrt{\mu^2 + \sigma^2}}\right)\right) \tag{5.11}$$

式中，μ 和 σ 分别为 LogGamma 分布的均值和标准差。

算法 SAR 图像目标检测的芬斯勒几何算法

步骤 1：对 SAR 图像 I 运用超像素分割算法获取图像超像素。

步骤 2：对由步骤 1 得到的 SAR 图像 I 中各图像块像素数据集，依据极大似然估计方法，利用式（5.9）和式（5.10）计算形状参数 α 和尺度参数 β。

步骤 3：依据由步骤 2 计算的 SAR 图像 I 中各图像块所对应的参数集合 $\{\alpha, \beta\}$，运用式（5.5）和式（5.11）计算 $F(\boldsymbol{x}, \boldsymbol{y})$。

步骤 4：将 $F(\boldsymbol{x}, \boldsymbol{y})$ 的值赋予 SAR 图像 I 中各图像块所对应的位置，获得高对比度显著性表示图像 $\boldsymbol{I}_s$。

步骤 5：对图像 $\boldsymbol{I}_s$，利用最大类间方差法进行二值分类，获得最终检测结果 $\boldsymbol{I}_d$。

SAR 图像目标检测的芬斯勒几何算法的 MATLAB 代码如下所示。

```
readimg = imread('img.png');
if size(readimg,3)>1
    img = im2double(rgb2gray(readimg));
else
    img = im2double(readimg);
end

figure;
mesh(img);xlabel('Width');ylabel('Height');zlabel('Amplitude');
set(gca,'FontSize',16);
set(get(gca,'XLabel'),'FontSize',16);
set(get(gca,'YLabel'),'FontSize',16);
set(get(gca,'ZLabel'),'FontSize',16);
[row,col]=size(img);
figure;
imshow(img,[],'Border','tight');axis off;

[height,width ] = size(img);
ImgVecR = reshape(img', height*width, 1);
scale = 36;
lambda = scale;
DesiredK = round(height*width/scale/scale);
IterNum = 10;
ImgAttr = [ height ,width, DesiredK, lambda,IterNum];
[LabelLine, NumSup] = SLIC( ImgVecR,ImgAttr );
Label = reshape(LabelLine,width,height);
clabel = Label';
img_contour = DrawContoursAroundSegments(img,clabel );
figure;
```

```
imshow(img_contour,[],'Border','tight');axis off;

IGD = img;
rho = 6;
MU = [];
ALPHA = [];
for i=0:NumSup-1
    data=img(find(clabel==i));
    phat = gamfit(data);
    a = phat(1);
    b = phat(2);
    alpha = a;
    mu = a*b;
    MU = [MU mu];
    ALPHA = [ALPHA alpha];
    N_mean = (alpha/(alpha+mu))^alpha;
    N_Var = (alpha/(alpha+2*mu))^alpha-
        (alpha/(alpha+mu))^(2*alpha);
    clear mudataphatab
    mu = N_mean;
    sigma = sqrt(N_Var)^rho;
    g =[(sigma^2),2*mu*(sigma^2);2*mu*(sigma^2),
        2*(sigma^2)*(2*(mu^2)+(sigma^2))];
    vector = [mu,sigma];
    f=@(vector)vector*g*vector';
    IGD(find(clabel==i))=f(vector);
end
toc;

reimg=reshape(abs(IGD),row,col);
reimg=reimg/norm(reimg);
figure;
imshow(reimg,[],'Border','tight');axis off;
figure;
mesh(reimg);xlabel('Width');ylabel('Height');zlabel('Amplitude');
set(gca,'FontSize',16);
set(get(gca,'XLabel'),'FontSize',16);
set(get(gca,'YLabel'),'FontSize',16);
set(get(gca,'ZLabel'),'FontSize',16);


function [parmhat, parmci] = gamfit(x, alpha, censoring,
    freq, options)
```

```
oldSyntax = false;
if nargin < 2 || isempty(alpha)
    alpha = 0.05;
end
if nargin < 3 || isempty(censoring)
    censoring = 0;
elseif nargin == 3 && isstruct(censoring)
    options = censoring;
    censoring = 0;
    oldSyntax = true;
elseif ~isequal(size(x), size(censoring))
    error(message('stats:gamfit:InputSizeMismatchCensoring'));
end
if nargin < 4 || isempty(freq)
    n = numel(x);
    freq = 1;
elseif isequal(size(x), size(freq))
    n = sum(freq);
    zerowgts = find(freq == 0);
    if numel(zerowgts) > 0
        x(zerowgts) = [];
    if numel(censoring)==numel(freq),
        censoring(zerowgts) = []; end
        freq(zerowgts) = [];
    end
else
    error(message('stats:gamfit:InputSizeMismatchFreq'));
end
if nargin < 5 && ~oldSyntax
    options = [];
end
ncen = sum(freq.*censoring);
nunc = n - ncen;
if min(size(x)) > 1
    error(message('stats:gamfit:VectorRequired'));
elseif ncen == 0 && any(x < 0)
    error(message('stats:gamfit:BadDataNonNeg'));
elseif ncen > 0 && any(x <= 0)
    error(message('stats:gamfit:BadDataPosCens'));
end
if n == 0 || nunc == 0 || any(~isfinite(x))
    parmhat = cast([NaN, NaN],class(x));
    parmci = cast([NaN NaN; NaN NaN],class(x));
```

```
      return
   end
scalex = sum(freq.*x) ./ n;
if scalex < realmin(class(x))
    parmhat = cast([NaN, 0],class(x));
    parmci = cast([NaN 0; NaN 0],class(x));
return
end
x = x ./ scalex;
if ncen == 0
    sumx = n;
    xbar = 1;
    s2 = sum(freq.*(x-xbar).^2) ./ n;
    if s2 <= 100.*eps(xbar.^2)
        parmhat = cast([Inf 0],class(x));
        if nunc > 1
            parmci = cast([Inf 0; Inf 0],class(x));
        else
            parmci = cast([0 0; Inf Inf],class(x));
        end
        return
    end
    s2 = s2 .* n./(n-1);
    ahat = xbar.^2 ./ s2;
    bhat = s2 / xbar;
    if any(x == 0)
        parmhat = [ahat bhat.*scalex];
        parmci = cast([NaN NaN; NaN NaN],class(x));
        warning(message('stats:gamfit:ZerosInData'));
        return
    else
        options = statset(statset('gamfit'), options);
        sumlogx = sum(freq.*log(x));
        const = sumlogx./n - log(sumx/n);
        if lkeqn(ahat, const) > 0
            upper = ahat; lower = .5 * upper;
            while lkeqn(lower, const) > 0
                upper = lower;
                lower = .5 * upper;
                if lower < realmin(class(x))
                    error(message('stats:gamfit:NoSolution'));
                end
            end
```

```
    else
        lower = ahat; upper = 2 * lower;
        while lkeqn(upper, const) < 0
            lower = upper;
            upper = 2 * lower;
            if upper > realmax(class(x))
                error(message('stats:gamfit:NoSolution'));
            end
        end
    end
    bnds = [lower upper];
    [ahat, lkeqnval, err] = fzero(@lkeqn, bnds, options, ...
        const);
    if (err < 0)
        error(message('stats:gamfit:NoSolution'));
    elseif eps(abs(lkeqnval)) > options.TolX
        warning(message('stats:gamfit:IllConditioned'));
    end
    parmhat = [ahat xbar./ahat];
    end
else
    if numel(freq) ~= numel(x)
        freq = ones(size(x));
    end
    logx = log(x);
    uncens = (censoring==0);
    cens = ~uncens;
    xunc = x(uncens);
    xcen = x(cens);
    logxunc = logx(uncens);
    logxcen = logx(cens);
    frequnc = freq(uncens);
    freqcen = freq(cens);
    xuncbar = sum(frequnc.*xunc) ./ nunc;
    s2unc = sum(frequnc.*(xunc-xuncbar).^2) ./ nunc;
    if s2unc <= 100.*eps(xuncbar.^2)
        if max(xunc) == max(x)
            parmhat = cast([Inf 0],class(x));
            if nunc > 1
                parmci = cast([Inf 0; Inf 0],class(x));
            else
                parmci = cast([0 0; Inf Inf],class(x));
            end
```

```
            return
        end
        parmhat = [2 xuncbar./2];
    else
        [p,q] = ecdf(logx, 'censoring',censoring, ...
            'frequency',freq);
        pmid = (p(1:(end-1))+p(2:end)) / 2;
        linefit = polyfit(log(-log((1-pmid))), q(2:end), 1);
        wblparms = [exp(linefit(2)) 1./linefit(1)];
        [m,v] = wblstat(wblparms(1),wblparms(2));
        parmhat = [m.*m./v v./m];
    end
    sumxunc = sum(xunc.*frequnc);
    sumlogxunc = sum(logxunc.*frequnc);
    options = statset(statset('gamfit'), options);
    tolBnd = options.TolBnd;
    options = optimset(options);
    dflts = struct('DerivativeCheck','off', 'HessMult',[], ...
        'HessPattern',ones(2,2), 'PrecondBandWidth',Inf, ...
        'TypicalX',ones(2,1), 'MaxPCGIter',1, 'TolPCG',0.1);
    if any(parmhat < tolBnd)
        parmhat = [2 xuncbar./2];
    end
    funfcn = {'fungrad''gamfit' @negloglike [] []};
    [parmhat, nll, lagrange, err, output] =statsfminbx(
        funfcn, parmhat, [tolBnd; tolBnd], [Inf; Inf], options,
        dflts, 1, sumxunc, sumlogxunc, nunc, xcen, logxcen,
        freqcen);
    if (err == 0)
        if output.funcCount >= options.MaxFunEvals
            warning(message('stats:gamfit:EvalLimit'));
        else
            warning(message('stats:gamfit:IterLimit'));
        end
    elseif (err < 0)
        error(message('stats:gamfit:NoSolution'));
    end
end
if nargout == 2
    if numel(freq) ~= numel(x), freq = []; end
        if numel(censoring) ~= numel(x), censoring = []; end
            [logL, acov] = gamlike(parmhat, x, censoring, freq);
            selog = sqrt(diag(acov))' ./ parmhat;
```

117

```
        logparmhat = log(parmhat);
        p_int = [alpha/2; 1-alpha/2];
        parmci = exp(norminv([p_int p_int],
            [logparmhat; logparmhat], [selog; selog]));
    end
    parmhat(2) = parmhat(2) .* scalex;
    if nargout == 2
        parmci(:,2) = parmci(:,2) .* scalex;
    end
end


function v = lkeqn(a, const)
    v = -const - log(a) + psi(a);
end


function [nll,ngrad] = negloglike(parms, sumxunc, sumlogxunc,
    nunc, xcen, logxcen, freqcen)
    a = parms(1); loggama = gammaln(a);
    b = parms(2); logb = log(b);
    zcen = xcen ./ b;
    [dScen,Scen] = dgammainc(zcen,a,'upper');
    sumlogScen = sum(freqcen.*log(Scen));
    sumdlogScen_da = sum(freqcen.*dScen ./ Scen);
    sumdlogScen_db = sum(freqcen.*exp(a.*logxcen -
    (a+1).*logb - zcen - loggama) ./ Scen);
    nll = (1-a).*sumlogxunc + nunc.*a.*logb + sumxunc./b +
        nunc.*loggama - sumlogScen;
    ngrad = [-sumlogxunc + nunc.*(logb + psi(a)) -
        sumdlogScen_da, (nunc.*a- sumxunc./b)./b - sumdlogScen_db];
end
```

5.3 实验结果及分析

5.3.1 实验结果

统计检测与估计中所涉及的一个关键问题：如何利用部分数据做出大量数据的结论。事实上，统计类检测算法种类繁多，而每一种统计检测都与一种模型和一种数据要求相联系，模型和数据要求则具体规定了相应条件。本章采用 LogGamma 分布族对海杂波数据进行局部统计建模，通过参数流形空间将感兴趣目标区域与背景海杂波区域分开。考虑图 5.1 所示的 SAR 图像，两张图像中各有一个舰船目标，图像大小为 150 像素×150 像素。

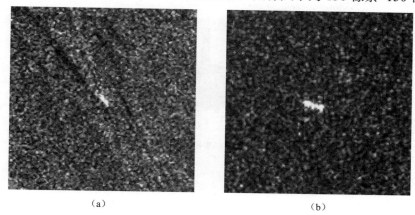

(a)　　　　　　　　　　　　　　(b)

图 5.1　SAR 图像

为了降低计算复杂度，提高检测效率，本章运用超像素法替换像素子块滑动方式。不失一般性，本章采用简单线性迭代聚类（Simple Linear Iterative Cluster，SLIC）算法，其实现简单，具有较快的计算速度、较高的内存效率，且能有效地提高分割性能。图 5.1（a）和图 5.1（b）所示 SAR 图像的分割结果分别如图 5.2（a）和图 5.2（b）所示。在实验过程中，SLIC 算法的尺度参数取为 9（参数设置依据待检测目标像素的大小而定），迭代次数取为 10。

图 5.2（a）彩图

图 5.2（b）彩图

（a）图 5.1（a）所示 SAR 图像的分割结果　　　（b）图 5.1（b）所示 SAR 图像的分割结果

图 5.2　超像素分割结果

针对由 SLIC 算法获得的各超像素，运用式（5.9）和式（5.10）估计各超像素数据的形状参数 α 和尺度参数 β，设置尺度调置参数 $\tau = 6$，运用式（5.5）和式（5.11）计算 $F(x, y)$，获得显著性表示图像（见图 5.3）。

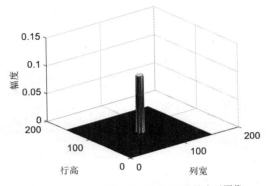

（a）图 5.1（a）所示 SAR 图像的显著性表示图像

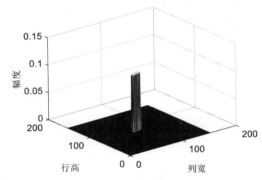

（b）图 5.1（b）所示 SAR 图像的显著性表示图像

图 5.3　显著性表示图像

　　运用最大类间方差法分别得到最终的检测结果，SAR 图像的目标检测结果如图 5.4 所示。

 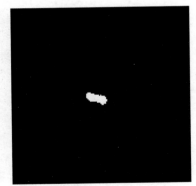

（a）图 5.1（a）所示 SAR 图像的目标检测结果　　（b）图 5.1（b）所示 SAR 图像的目标检测结果

图 5.4　SAR 图像的目标检测结果

　　芬斯勒几何算法运用 LogGamma 分布族对 SAR 图像中的各超像素进行统计建模，获得各超像素在参数空间中所对应的点，依据几何学原理，在参数空间中构造芬斯勒流形，通过对流形空间几何结构的分析，将目标与背景海杂波的统计差异投射为芬斯勒流形空间中几何结构的差异，实现目标的显著性表示。实验结果表明，本章算法能有效地提高目标与背景海杂波的对比度，优化检测效果。所以，构造合适的芬斯勒流形度量张量将是 SAR 图像目标检测和参数估计相关分析中一个好的理论切入点。

5.3.2 实验分析

LogGamma 分布图如图 5.5 所示，各曲线描述了在不同形状参数 α 和尺度参数 β 情况下的 LogGamma 分布。由于 SAR 图像的相干成像特点，SAR 图像数据存在杂波尖峰、非对称性和拖尾等非高斯特征。如图 5.5 所示，LogGamma 分布在一定程度上符合对 SAR 图像建模的标准。

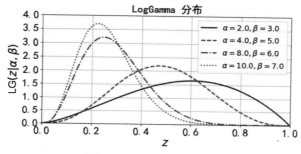

图 5.5 LogGamma 分布图

为了进一步说明本章算法的有效性，考虑恒虚警率（CFAR）检测算法。由于 SAR 图像海杂波数据是非高斯的，不失一般性，假设海杂波数据符合威布尔分布，运用基于威布尔分布的 CFAR 检测算法获得图 5.6 所示的目标检测结果。实验参数设置如下：滑动窗口取为 25 像素×25 像素，恒虚警率取为 10^{-7}。SAR 图像数据存在杂波尖峰特征，以及小样本下的误差问题，使得难以获取精确的自适应门限，从而产生大量虚假目标。

（a）图 5.1（a）所示 SAR 图像的目标检测结果　　（b）图 5.1（b）所示 SAR 图像的目标检测结果

图 5.6 基于威布尔分布的 CFAR 检测算法的目标检测结果

5.4　小结

　　本章针对 SAR 图像目标检测问题，依据由芬斯勒几何理论发展起来的信息几何分析方法，探索统计流形中数据信息的描述方式。本章首先给出了芬斯勒空间的度量张量，在此范畴下，可将黎曼空间视为芬斯勒空间的一个特例，事实上，欧氏空间也可以被看作黎曼空间的一个特例，也就是说，本章旨在将 SAR 图像目标检测问题放入更为宽泛的空间中进行分析。其次，在此框架下，选取 Gamma 分布族作为问题分析的切入点，在考虑 SAR 图像乘性噪声假设的前提下，引入了 LogGamma 分布族。事实上，在特定的芬斯勒几何结构下，无论是 Gamma 分布族，还是 LogGamma 分布族，都未必是最优的 SAR 图像数据统计表述方式。因此，需要依据特定的统计流形空间来构造特定的芬斯勒几何结构，而这些工作的起点便是芬斯勒度量张量的构造。理论分析和实验结果表明，芬斯勒几何分析方法有潜力从更为深刻、更为本质的层面去解释统计检测和估计问题的本质。

习题

　　5.1　简述芬斯勒几何相较于黎曼几何的特点。

　　5.2　简述曲率的几何学含义。

　　5.3　什么是芬斯勒流形？

　　5.4　什么是 LogGamma 分布？LogGamma 分布具有哪些统计特征？

　　5.5　请给出芬斯勒度量张量的定义，并解释其含义。

第 6 章

SAR 图像目标检测的 YOLO 算法

基于 SAR 图像的舰船检测在海洋经济、国防军事等领域发挥着重大作用，是科研人员关注的热点。近些年来，深度学习及其应用受到了前所未有的重视和关注，研究人员将其应用于 SAR 图像目标检测，取得了不错的效果。深度学习是机器学习的重要分支之一，是机器学习的一项重要突破。其中，YOLO（You Only Look Once）算法以其优良的计算性能，常被应用于 SAR 图像舰船检测。不失一般性，本章将依据 YOLO4 模型，介绍基于 YOLO4 的 SAR 图像舰船检测方法。

6.1 卷积神经网络基本理论

6.1.1 人工神经网络

神经元是构建神经网络的基本单元，其主要由三部分组成：连接、求和节点及激活函数。神经元基本模型如图 6.1 所示。

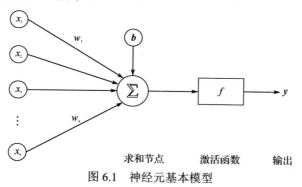

图 6.1 神经元基本模型

（1）连接：神经元中数据的流动方向。

（2）求和节点：对各通道的输入信号和权重的乘积结果进行累加求和。

（3）激活函数：一般都是非线性函数，对求和节点输出的信号进行非线性映射。

假设输入向量 $\boldsymbol{X} = [x_1, x_2, \cdots, x_n]$，其中 $x_1, x_2, \cdots, x_n$ 为输入信号的各个分量；权值向量 $\boldsymbol{W} = [w_1, w_2, \cdots, w_n]$，其中 $w_1, w_2, \cdots, w_n$ 为神经元各个通道的权重；神经元的偏置向量为 $\boldsymbol{b}$，则求和节点的输出：

$$z = w_1 x_1 + w_2 x_2 + \cdots + w_n x_n + \boldsymbol{b} = \sum_{i=1}^{n} w_i x_i + \boldsymbol{b} \tag{6.1}$$

一个神经元的基本功能是对输入向量 $\boldsymbol{X}$ 与权值向量 $\boldsymbol{W}$ 内积求和后加上偏置向量 $\boldsymbol{b}$，经过非线性激活函数 f，得到 $\boldsymbol{y}$ 作为输出结果。因此神经元的数学基本表达式为

$$y = f\left(\sum_{i=1}^{n} w_i x_i + \boldsymbol{b}\right) = f\left(\boldsymbol{W}^{\mathrm{T}} \boldsymbol{X} + \boldsymbol{b}\right) \tag{6.2}$$

人工神经网络（Artificial Neural Network，ANN）由多个神经元结构组合而成，一般分为输入层、隐藏层及输出层，人工神经网络模型如图 6.2 所示。每一层都包含多个神经元，而且每一个神经元都拥有输入和输出，第 l 层网络神经元的输出是下一层即第 $l+1$ 层网络神经元的输入。

（1）输入层：神经网络接收数据的输入，如图像、视频、语音等多维度数据。

（2）隐藏层：亦称为隐层，介于输入层与输出层之间。一个隐藏层往往由大量神经元并列组成，而且一个神经网络大部分都是由多个隐藏层构成的。

（3）输出层：神经网络输入的多维数据经过内积、累加、非线性函数激活后，形成其他维度的数据而输出。

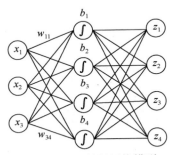

图 6.2　人工神经网络模型

假设 $x_i^{(l-1)}$ 表示第 $l-1$ 层网络的输出，第 l 层网络第 j 个神经元的（还未经过激活函数）输出表示为 $z_j^{(l)}$，第 $l-1$ 层网络中第 i 个神经元到第 l 层网络中第 j 个神经元的权重为 $w_{ij}^{(l)}$，相应地，第 l 层网络中第 j 个神经元的偏置为 $b_j^{(l)}$，则根据神经元基本公式有

$$z_j^{(l)} = \sum_i w_{ij}^{(l)} x_i^{(l-1)} + b_j^{(l)} \tag{6.3}$$

以图 6.2 为例，对这个简单的三层神经网络的参数进行向量化，输入向量为 X，权重向量为 W，以及偏置向量为 b，它们分别表示为

$$X = \begin{bmatrix} x_1 \\ x_2 \\ x_3 \end{bmatrix}$$

$$W = \begin{bmatrix} w_{1,1} & w_{1,2} & w_{1,3} \\ w_{2,1} & w_{2,2} & w_{2,3} \\ w_{3,1} & w_{3,2} & w_{3,3} \\ w_{4,1} & w_{4,2} & w_{4,3} \end{bmatrix} \quad (6.4)$$

$$b = \begin{bmatrix} b_1 \\ b_2 \\ b_3 \\ b_4 \end{bmatrix}$$

那么有

$$z = W^{\mathrm{T}} X + b = \begin{bmatrix} w_{1,1} & w_{1,2} & w_{1,3} \\ w_{2,1} & w_{2,2} & w_{2,3} \\ w_{3,1} & w_{3,2} & w_{3,3} \\ w_{4,1} & w_{4,2} & w_{4,3} \end{bmatrix} \begin{bmatrix} x_1 \\ x_2 \\ x_3 \end{bmatrix} + \begin{bmatrix} b_1 \\ b_2 \\ b_3 \\ b_4 \end{bmatrix} \quad (6.5)$$

由此可见，单层神经网络（图 6.2 所示的中间隐藏层）的前向传播算法可以使用如下矩阵形式：

$$a^{(l)} = f\left(W^{\mathrm{T}} X + b\right) \quad (6.6)$$

式中，$a^{(l)}$ 为第 l 层网络经过非线性映射后的输出矩阵；$f(\bullet)$ 为激活函数。

上述人工神经网络中的神经元采用的都是一维排列方式，即全排列；而深度学习领域中典型的卷积神经网络每一层神经元都呈现三维排列的方式，具有长、高、宽三种属性，分别代表图像三维矩阵中的长度、高度及网络深度（通道数）。虽然两者有各自的排列方式，但是卷积神经网络的内部实现原理还是与神经元模型如出一辙的。

6.1.2　卷积神经网络

卷积神经网络结构中的卷积层，其内部的卷积操作本质上就是对数字图像信号进行滤波处理，故卷积核（Convolution Kernel，CK）也被称为滤波器。不同的是，在通信领域对

模拟或者数字信号进行低通、带通或是高通滤波操作时，其滤波器的相应参数都是预先设置好的，而卷积神经网络中的卷积核参数都是需要通过梯度下降算法进行训练从而得以更新的。

图 6.3 所示为卷积神经网络的层间卷积操作，假设第 l 层网络有 C 个尺寸为 $W_{in} \times H_{in}$ 的特征图作为输入，即输入为一个 $C \times W_{in} \times H_{in}$ 的特征张量，此处 C 可表示为输入矩阵的深度。设该层将使用 N 个 $W_{ker} \times H_{ker}$ 大小的卷积核对输入特征向量进行卷积操作。卷积层有 N 个卷积核，则对应该层最终输出 N 个特征图。根据不同的卷积操作，输出的特征图尺寸也各不相同，主要分为三种情况。

（1）Same Padding。根据卷积核大小，对输入图像矩阵的边界进行填充（一般情况下填充零值），不仅可以有效避免边界信息被忽略的情况，还可以使卷积操作得到的特征矩阵与输入矩阵大小一致。

（2）Valid Padding。对输入图像矩阵无须考虑边界填充，卷积操作后的特征图尺寸根据式（6.7）可计算得出：

$$W_{fm} = \frac{W_{in} - W_{ker}}{s} + 1, \qquad H_{fm} = \frac{H_{in} - H_{ker}}{s} + 1 \qquad (6.7)$$

式中，W_{fm} 和 H_{fm} 为特征图矩阵的大小；s 为滑动窗口每次移动的步长。

（3）自定义 Padding。卷积后的特征图尺寸根据式（6.8）计算而来：

$$W_{fm} = \frac{W_{in} + 2W_{pd} - W_{ker}}{s} + 1, \qquad H_{fm} = \frac{H_{in} + 2H_{pd} - H_{ker}}{s} + 1 \qquad (6.8)$$

式中，W_{pd} 和 H_{pd} 为图像边界填充的数量。

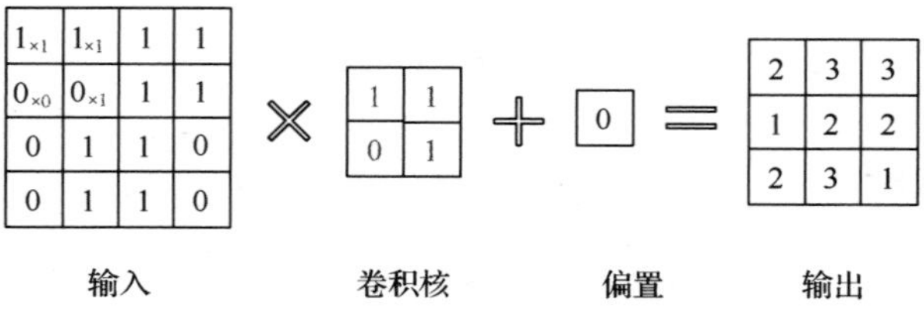

图 6.3 卷积神经网络的层间卷积操作

由图 6.3 所示的卷积计算可知，多层卷积计算过程本质上就是神经元的基本求和过程：

$$z = \sum wx + b \qquad (6.9)$$

式中，w 代表单个卷积核；x 为输入矩阵上不同滑动窗口内的数据；b 为对应卷积核的偏置向量。则上述卷积操作可被理解为对输入矩阵上一个个滑动窗口与卷积核进行内积计算，再加上偏置得到输出结果。第一个特征图中第一个输出结果 z 的计算过程如下：

$$\begin{aligned} z &= w_1 \otimes x_{11} + w_1 \otimes x_{21} + b \\ &= w_1 \otimes \left(x_{11} + x_{21} \right) + b \\ &= 4 + 1 \end{aligned} \tag{6.10}$$

式中，w_1 代表第一个卷积核；x_{11} 代表第一个输入矩阵上第一个 3×3 的滑动窗口；x_{21} 为第二个输入矩阵上第一个 3×3 的滑动窗口。后续计算中将先保持卷积核 w_1 不变，输入矩阵上的滑动窗口将以步长 $s=1$ 统一向右移动，每移动一步与卷积核进行一次内积计算，直到滑动窗口移动到输入矩阵的右下角位置，完成此阶段后，将得到卷积核 w_1 对应的输出特征图。重复上述步骤，以此类推，可得到第二个卷积核 w_2 对应的输出特征图。最后，将得到的三个输出特征图通过激活函数进行区间映射 $a=f(z)$，作为第 l 层卷积层的最终输出特征图。

卷积计算的 Python 代码如下所示。

```python
from PIL import Image
import matplotlib.pyplot as plt
import numpy as np

def convolution(k, data):
    n,m = data.shape
    img_new = []
    for i in range(n-3):
        line = []
        for j in range(m-3):
            a = data[i:i+3,j:j+3]
            line.append(np.sum(np.multiply(k, a)))
        img_new.append(line)
    return np.array(img_new)

if __name__ == '__main__':
    img = Image.open('image.jpg')
    plt.axis("off")
    plt.imshow(img)
    gray = img.convert('L')
    plt.figure()
    plt.imshow(gray, cmap='gray')
    plt.axis('off')
    r, g, b = img.split()
    plt.imshow(r, cmap='gray')
    plt.axis('off')
```

```
k = np.array([
    [0,1,2],
    [2,2,0],
    [0,1,2]
])
r = np.array(r)
img_r = convolution(k, r)
plt.imshow(img_r, cmap='gray')
plt.axis('off')
```

6.1.3　激活函数及其导数

为了提高神经网络的表达能力，激活函数一般都是单调递增的非线性函数，将输入数据重新映射为一个个非线性值，从而控制输出数值的大小。对于激活函数映射后的非线性值，根据其极限值情况可以判断当前是否需要激活该神经元。常用的激活函数如下所述。

6.1.3.1　sigmoid 函数

sigmoid 函数的表达式如下：

$$f(x) = \text{sigmoid}(x) = \frac{1}{1+e^{-x}} \tag{6.11}$$

sigmoid 函数及其导数如图 6.4 所示，sigmoid 函数单调连续，将输入的数值映射在 $[0,1]$ 内。在分类网络中，sigmoid 函数用于输出层，为每一类的输出提供独立概率。

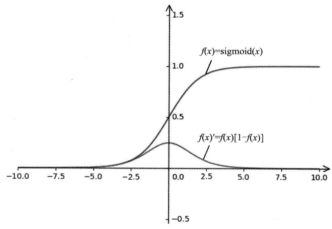

图 6.4　sigmoid 函数及其导数

sigmoid 函数也易于求导，求导公式如下：

$$\frac{\partial}{\partial x} f(x) = \frac{e^{-x}}{\left(1 + e^{-x}\right)^2}$$

$$= \frac{1}{\left(1 + e^{-x}\right)} - \frac{1}{\left(1 + e^{-x}\right)^2} \qquad (6.12)$$

$$= f(x)\left[1 - f(x)\right]$$

由图 6.4 所示的 sigmoid 函数的导数曲线可知，sigmoid 函数易趋于饱和，导致训练结果不理想。此外，函数输出的非线性值并不是零均值，数据存在偏差，导致分布不均匀。

sigmoid 函数的 Python 代码如下所示。

```python
from matplotlib import pyplot as plt
import numpy as np
import math

def sigmoid_function(z):
    fz = []
    for num in z:
        fz.append(1/(1 + math.exp(-num)))
    return fz

if __name__ == '__main__':
    z = np.arange(-10, 10, 0.01)
    fz = sigmoid_function(z)
    plt.title('Sigmoid')
    plt.xlabel('x')
    plt.ylabel('sigmoid(z)')
    plt.plot(z, fz)
    plt.show()
```

6.1.3.2　tanh 函数

tanh 函数又名为双曲正切函数，其公式如下：

$$f(x) = \tanh(x)$$

$$= \frac{\sinh(x)}{\cosh(x)}$$

$$= \frac{e^{x} - e^{-x}}{e^{x} + e^{-x}} \qquad (6.13)$$

$$= \frac{2}{1 + e^{-2x}} - 1$$

$$= 2\,\text{sigmoid}(2x) - 1$$

tanh 函数及其导数如图 6.5 所示，tanh 函数将输入数据归一化至-1~1 这个区间范围内，相较于 sigmoid 函数，tanh 函数可以更容易地处理负数。同时，tanh 函数的输出值以 0 为中心，故数据分布均匀，且是零均值。

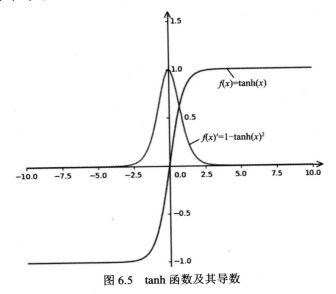

图 6.5　tanh 函数及其导数

tanh 函数的求导公式如下：

$$
\begin{aligned}
\frac{\partial}{\partial x} f(x) &= \frac{\left(e^{x} + e^{-x}\right)^{2} - \left(e^{x} - e^{-x}\right)^{2}}{\left(e^{x} + e^{-x}\right)^{2}} \\
&= 1 - \frac{\left(e^{x} - e^{-x}\right)^{2}}{\left(e^{x} + e^{-x}\right)^{2}} \\
&= 1 - f^{2}(x)
\end{aligned}
\tag{6.14}
$$

由图 6.5 所示的 tanh 函数的导数曲线可知，相较于 sigmoid 函数，虽然 tanh 函数的收敛速度更快，易于训练，但是其存在输出值达到饱和后引起梯度消失的情况。

6.1.3.3　softmax 函数

softmax 函数的公式如下：

$$
f(x) = \operatorname{softmax}(x_{i}) = \frac{e^{x_{i}}}{\sum\limits_{j=1}^{n} e^{x_{j}}}, \qquad x = \begin{bmatrix} x_{0} \\ x_{1} \\ \vdots \\ x_{n} \end{bmatrix}
\tag{6.15}
$$

式中，x_i 代表第 i 个节点的输出值；n 表示输出节点的个数，即分类的类别总数。softmax 函数多用于多分类问题，首先，使用指数函数将预测结果映射到 $0\sim+\infty$，保证了概率的非负性；再将所有映射后的结果累加，并进行归一化，即可得到每个类别的概率。

softmax 函数求导分为两种情况。

（1）当 $p=q$ 时，

$$\frac{\partial}{\partial x_q}f\left(x_p\right)=\frac{\mathrm{e}^{x_p}\sum\limits_{j=0}^{n}\mathrm{e}^{x_j}-\mathrm{e}^{x_p+x_q}}{\left(\sum\limits_{j=0}^{n}\mathrm{e}^{x_j}\right)^2}$$

$$=\frac{\mathrm{e}^{x_p}}{\left(\sum\limits_{j=0}^{n}\mathrm{e}^{x_j}\right)}\frac{\sum\limits_{j=0}^{n}\mathrm{e}^{x_j}-\mathrm{e}^{x_q}}{\left(\sum\limits_{j=0}^{n}\mathrm{e}^{x_j}\right)} \tag{6.16}$$

$$=\mathrm{softmax}\left(x_p\right)\left\lfloor 1-\mathrm{softmax}\left(x_q\right)\right\rfloor$$

（2）当 $p\neq q$ 时，

$$\frac{\partial}{\partial x_q}f\left(x_p\right)=\frac{-\mathrm{e}^{x_p+x_q}}{\left(\sum\limits_{j=0}^{n}\mathrm{e}^{x_j}\right)^2}$$

$$=-\mathrm{softmax}\left(x_p\right)\mathrm{softmax}\left(x_q\right) \tag{6.17}$$

6.1.3.4　ReLU 函数

ReLU 函数又名为修正线性单元（Rectified Linear Unit），其公式如下：

$$f\left(x\right)=\mathrm{ReLU}\left(x\right)=\max\{0,x\} \tag{6.18}$$

ReLU 函数及其导数如图 6.6 所示，当输入值小于零时，神经元处于抑制状态；当输入值大于零时，神经元的输入与输出呈线性关系。

ReLU 函数的求导公式如下：

$$\frac{\partial}{\partial x}f\left(x\right)=\begin{cases}0, & x<0\\1, & x>0\\\mathrm{None}, & x=0\end{cases} \tag{6.19}$$

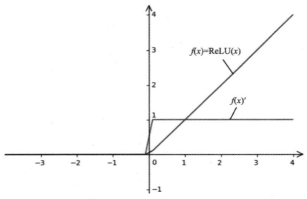

图 6.6　ReLU 函数及其导数

由此可知，ReLU 函数的梯度为 0 或常数，相较于 sigmoid 函数、tanh 函数，ReLU 函数不仅收敛速度快，还可以有效缓解梯度消失问题。但是在训练过程中，其也有可能造成神经元出现不可逆的死亡，进而导致权重无法得到更新。

6.1.3.5　LeakyReLU 函数

LeakyReLU 函数的公式如下：

$$f(x) = \text{LeakyReLU}(x) = \max\{0.01x, x\} \tag{6.20}$$

导数为

$$\frac{\partial}{\partial x} f(x) = \begin{cases} 0.01, & x < 0 \\ 1, & x > 0 \\ \text{None}, & x = 0 \end{cases} \tag{6.21}$$

LeakyReLU 函数及其导数如图 6.7 所示，当输入值小于零时，输出值不再是零值，而有一个很小的递增坡度。由于 LeakyReLU 函数的导数无零值，故有效解决了 ReLU 函数的权重无法更新的状况。

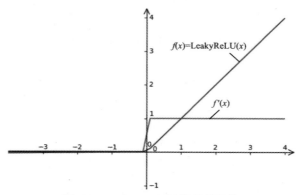

图 6.7　LeakyReLU 函数及其导数

6.1.4　池化操作

池化层亦被称为降采样层，在多个组合卷积操作之后，往往通过池化操作来降低输出特征向量的维度，在压缩数据和参数数量的同时，保持了模型对目标的平移、旋转、伸缩等特性的不变性，从而增强了所提取特征的鲁棒性。池化操作主要有以下两种。

（1）最大池化（Max Pooling）。最大池化如图 6.8（a）所示，假设池化层的输入是 4×4 的特征图，使用 2×2 池化核，并以步长为 2 对上述特征向量进行池化，相当于将特征图划分为 4 个 2×2 的区域，在每个区域内选取最大值，最后组合成尺寸更小的特征图。

（2）平均池化（Average Pooling）。平均池化如图 6.8（b）所示，将每个 2×2 区域内的数值累加并取均值。

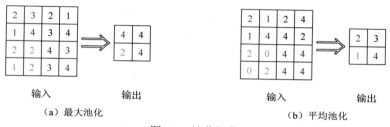

（a）最大池化　　　　　　　　　　　　　（b）平均池化

图 6.8　池化操作

池化操作也可被视为一种卷积计算，不同的是，卷积核里面是参数，而池化核只是一个框架，内部并没有参数。在多数情况下，特征图经过池化层之后，特征图尺寸缩小为原来的二分之一，通道数保持不变。

池化操作的 Python 代码如下所示。

```
import numpy as np
import cv2


def pooling(data, m, n, key='mean'):
    h,w,c = data.shape
    img_new = []
    for i in range(0,h,m):
        line = []
        for j in range(0,w,n):
            x = data[i:i+m,j:j+n]
            if key == 'mean':
                line.append([np.sum(x[:,:,0]/(n*m)),
                    np.sum(x[:,:,1]/(n*m)),np.sum(x[:,:,2]/(n*m))])
            elif key == 'max':
                line.append([np.max(x[:,:,0]),np.max(x[:,:,1]),
                    np.max(x[:,:,2])])
```

```
        else:
            return data
    img_new.append(line)
    return np.array(img_new,dtype='uint8')

if __name__ == '__main__':
    img = cv2.imread('image.jpg')
    img_new = pooling(img,2,2,'mean')
    cv2.imshow('img',img)
    cv2.imshow('img_new',img_new)
    cv2.waitKey(0)
```

6.1.5　前向传播与反向传播

反向传播（Back Propagation，BP）算法通常与最优化方法（如梯度下降法、启发式优化方法、拉格朗日乘数法等）相结合使用，是目前公认的训练神经网络最常规且最有效的算法之一。其思路主要分为以下三步。

（1）神经网络先进行前向传播。训练集数据经输入层、多个隐藏层，最后到达输出层并输出分类或回归结果。

（2）神经网络最终输出的预测值与实际值有一定的误差，可通过定义损失函数来计算预测值与实际值之间的误差，并将该误差经一系列链式求导从输出层向隐藏层逐层反向传播计算，直至输入层。

（3）在反向传播的过程中，根据误差更新每个神经元上相应的权值；通过多次迭代上述过程，以最小化损失函数并使之趋于收敛，则表明神经网络已基本完成训练，各个节点上的权值也取得最优值。

定义只含有一个隐藏层的简单三层神经网络，对各节点依次编号，三层神经网络如图 6.9 所示。为简述反向传播计算过程，规范符号 w_{ji} 表示节点 i 到节点 j 的权重，z_i 表示节点 i 的输入，y_i 表示节点 i 的输出，W^l 表示第 l 层的权重矩阵。假设每个节点不设置偏置，则前向传播计算如下：

$$\begin{bmatrix} z_3 \\ z_4 \end{bmatrix} = W^0 X \\ = \begin{bmatrix} w_{31} & w_{32} \\ w_{41} & w_{42} \end{bmatrix}\begin{bmatrix} x_1 \\ x_2 \end{bmatrix} \\ = \begin{bmatrix} w_{31}x_1 + w_{32}x_2 \\ w_{41}x_1 + w_{42}x_2 \end{bmatrix} \tag{6.22}$$

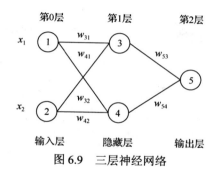

第0层　　　第1层　　　第2层

输入层　　　隐藏层　　　输出层

图 6.9　三层神经网络

假设激活函数为 sigmoid 函数，即

$$f(x) = \text{sigmoid}(x) = \frac{1}{1 + \mathrm{e}^{-x}} \tag{6.23}$$

则有

$$
\begin{aligned}
\begin{bmatrix} y_3 \\ y_4 \end{bmatrix} &= f(\boldsymbol{W}^0 \boldsymbol{X}) \\
&= f\left(\begin{bmatrix} w_{31} & w_{32} \\ w_{41} & w_{42} \end{bmatrix} \begin{bmatrix} x_1 \\ x_2 \end{bmatrix} \right) \\
&= f\left(\begin{bmatrix} w_{31}x_1 + w_{32}x_2 \\ w_{41}x_1 + w_{42}x_2 \end{bmatrix} \right)
\end{aligned} \tag{6.24}
$$

同理，求得

$$
\begin{aligned}
y_5 &= f([z_5]) \\
&= f\left(\begin{bmatrix} w_{53} & w_{54} \end{bmatrix} \begin{bmatrix} y_3 \\ y_4 \end{bmatrix} \right) \\
&= f([w_{53}y_3 + w_{54}y_4])
\end{aligned} \tag{6.25}
$$

定义损失函数：

$$L = \frac{1}{2}(y_5 - y_{\text{out}})^2 \tag{6.26}$$

式中，y_{out} 表示训练集中的真实值。综上可得

$$
\begin{cases}
L = \dfrac{1}{2}(y_5 - y_{\text{out}})^2 \\
y_5 = f(z_5) \\
z_5 = [w_{53}y_3 + w_{54}y_4]
\end{cases} \tag{6.27}
$$

至此，完成了一次前向传播过程。接下来进行反向传播计算。首先，求出损失函数 L 对权重 $\boldsymbol{W}$ 的偏导，根据链式求导法则可得

$$
\begin{aligned}
\frac{\partial L}{\partial w_{53}} &= \left(\frac{\partial L}{\partial y_5}\right)\left(\frac{\partial y_5}{\partial z_5}\right)\left(\frac{\partial z_5}{\partial w_{53}}\right) \\
&= (y_5 - y_{\text{out}})f(z_5)\left[1 - f(z_5)\right]y_3
\end{aligned}
\tag{6.28}
$$

同理，可得

$$
\begin{aligned}
\frac{\partial L}{\partial w_{54}} &= \left(\frac{\partial L}{\partial y_5}\right)\left(\frac{\partial y_5}{\partial z_5}\right)\left(\frac{\partial z_5}{\partial w_{54}}\right) \\
&= (y_5 - y_{\text{out}})f(z_5)\left[1 - f(z_5)\right]y_4
\end{aligned}
\tag{6.29}
$$

根据上面求出的偏导，更新权重 w_{53}、w_{54}：

$$
\begin{cases}
w_{53} = w_{53} - \dfrac{\partial L}{\partial w_{53}} \\
w_{54} = w_{54} - \dfrac{\partial L}{\partial w_{54}}
\end{cases}
\tag{6.30}
$$

根据链式求导法则继续向后传播，更新其他节点上的权值。此时有

$$
\begin{cases}
L = \dfrac{1}{2}(y_5 - y_{\text{out}})^2 \\
y_5 = f(z_5) \\
z_5 = \left[w_{53}y_3 + w_{54}y_4\right] \\
y_3 = f(z_3) \\
z_3 = \left[w_{31}x_1 + w_{32}x_2\right]
\end{cases}
\tag{6.31}
$$

则有

$$
\begin{aligned}
\frac{\partial L}{\partial w_{31}} &= \left(\frac{\partial L}{\partial y_5}\right)\left(\frac{\partial y_5}{\partial z_5}\right)\left(\frac{\partial z_5}{\partial y_3}\right)\left(\frac{\partial y_3}{\partial z_3}\right)\left(\frac{\partial z_3}{\partial w_{31}}\right) \\
&= (y_5 - y_{\text{out}})f(z_5)\left[1 - f(z_5)\right]w_{53}f(z_3)\left[1 - f(z_3)\right]x_1
\end{aligned}
\tag{6.32}
$$

同理，可求得 $\dfrac{\partial L}{\partial w_{32}}$、$\dfrac{\partial L}{\partial w_{41}}$、$\dfrac{\partial L}{\partial w_{42}}$，进而更新对应的权重，如下所示：

$$\begin{cases} w_{31} = w_{31} - \dfrac{\partial L}{\partial w_{31}} \\[2mm] w_{32} = w_{32} - \dfrac{\partial L}{\partial w_{32}} \\[2mm] w_{41} = w_{41} - \dfrac{\partial L}{\partial w_{41}} \\[2mm] w_{42} = w_{42} - \dfrac{\partial L}{\partial w_{42}} \end{cases} \qquad (6.33)$$

至此，各节点上的权重参数已更新一遍。接下来，按照新的权重继续进行前向传播与反向传播，并根据损失函数对权重参数的偏导不断修正权值。通过不断迭代计算，得以最小化损失函数，使之趋于收敛。

反向传播的 Python 代码如下所示。

```python
import numpy as np
import matplotlib.pyplot as plt


def init_parameters(layers_dim):
    L = len(layers_dim)
    parameters ={}
    for i in range(1,L):
        parameters["w"+str(i)] = 
            np.random.random([layers_dim[i],layers_dim[i-1]])
        parameters["b"+str(i)] = np.zeros((layers_dim[i],1))
    return parameters



def sigmoid(z):
    return 1.0/(1.0+np.exp(-z))



def sigmoid_prime(z):
        return sigmoid(z)  * (1-sigmoid(z))



def forward(x,parameters):
    a = []
    z = []
    caches = {}
    a.append(x)
    z.append(x)
    layers = len(parameters)//2
```

```
        for i in range(1,layers):
         z_temp =parameters["w"+str(i)].dot(x) + parameters["b"+str(i)]
         z.append(z_temp)
         a.append(sigmoid(z_temp))
         z_temp = parameters["w"+str(layers)].dot(a[layers-1]) +
              parameters["b"+str(layers)]
      z.append(z_temp)
      a.append(z_temp)

      caches["z"] = z
      caches["a"] = a
      return  caches,a[layers]



def backward(parameters,caches,al,y):
    layers = len(parameters)//2
    grades = {}
    m = y.shape[1]
    grades["dz"+str(layers)] = al - y
    grades["dw"+str(layers)] =
        grades["dz"+str(layers)].dot(caches["a"][layers-1].T) /m
    grades["db"+str(layers)] = np.sum(grades["dz"+str(layers)],
        axis = 1,keepdims = True) /m
    for i in reversed(range(1,layers)):
        grades["dz"+str(i)] =
            parameters["w"+str(i+1)].T.dot(grades["dz"+str(i+1)]) *
        sigmoid_prime(caches["z"][i])
        grades["dw"+str(i)] =
            grades["dz"+str(i)].dot(caches["a"][i-1].T)/m
        grades["db"+str(i)] = np.sum(grades["dz"+str(i)],
            axis = 1,keepdims = True) /m
    return grades



def update_grades(parameters,grades,learning_rate):
    layers = len(parameters)//2
    for i in range(1,layers+1):
        parameters["w"+str(i)] -= learning_rate * grades["dw"+str(i)]
        parameters["b"+str(i)] -= learning_rate * grades["db"+str(i)]
    return parameters



def compute_loss(al,y):
```

```
        return np.mean(np.square(a1-y))


def load_data():
    x = np.arange(0.0,1.0,0.01)
    y =20* np.sin(2*np.pi*x)
    plt.scatter(x,y)
    return x,y


if __name__ == '__main__':
    x,y = load_data()
    x = x.reshape(1,100)
    y = y.reshape(1,100)
    plt.scatter(x,y)
    parameters = init_parameters([1,25,1])
    a1 = 0
    for i in range(1000):
        caches,a1 = forward(x, parameters)
        grades = backward(parameters, caches, a1, y)
        parameters = update_grades(parameters, grades,
            learning_rate= 0.3)
        if i %100 ==0:
            print(compute_loss(a1, y))
    plt.scatter(x,a1)
    plt.show()
```

6.2　YOLO4 模型

6.2.1　YOLO4 模型的主干网络

YOLO4 的主干网络为 CSPDarknet53 网络，即 CSPNet 与 Darknet53 网络的结合。Darknet53 网络一共有 5 个特征层，均为残差网络，每个残差网络都包含不同数量的残差块，从低层到高层分别包含 1、2、8、8、4 个残差块。Darknet53 网络里的残差块分为主干与残差边两个部分 [见图 6.10（a）]。主干为一个 1×1 的卷积层和一个 3×3 的卷积层，残差边直接与主干输出做相加操作。通常，增加网络深度易导致梯度消失，而残差块能够缓解这一问题，在每个残差网络的最后，添加了批归一化（Batch Normalization，BN）层与 Mish 激活函数，有助于加快模型训练时的收敛速度，同时提高网络的性能和稳定性。CSPDarknet53 网络残差块如图 6.10（b）所示。

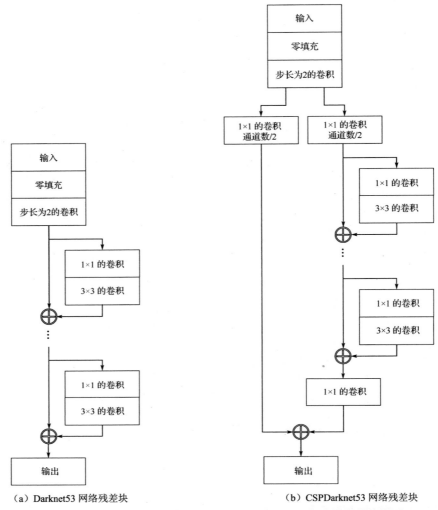

（a）Darknet53 网络残差块　　　　　　（b）CSPDarknet53 网络残差块

图 6.10　Darknet53 网络残差块和 CSPDarknet53 网络残差块的结构图

ReLU 函数和 Mish 激活函数的表达式如下：

$$f(x) = \mathrm{ReLU}(x) = \begin{cases} x, & x > 0 \\ 0, & x \leqslant 0 \end{cases} \tag{6.34}$$

$$f(x) = \mathrm{Mish}(x) = x\left[\tanh\left(\ln\left(1 + \mathrm{e}^x\right)\right)\right] \tag{6.35}$$

依据式（6.35）可以看出，Mish 激活函数在输入为负值时平滑并且没有完全截断，这样可以保证较小的负梯度流入，能够更好地传递信息，而没有 ReLU 函数那样的硬边界。

CSPNet 结构与残差网络类似，对输入的数据进行零填充和一个步长为 2 的1×1的卷积，然后拆分成两部分，每一部分经过一个1×1的卷积层将通道数压缩为原来的一半。主干部分为几个残差块的堆叠，CSPDarknet53 网络残差块的结构与 Darknet53 网络残差块的结构类似，只不过在堆叠过后还要进行一个1×1的卷积，而另一部分直接和主干部分的输出拼接。需要注意的是，残差块里的相加操作是指数值的相加，通道数不变，而 CSPNet 里最后一层的拼接操作会使通道数相加。对于特征向量 a、b，它们的通道数均为 n，执行相加操作等价于把这两个向量组合成复合向量 $a+b$j（j 为虚数），通道数依然为 n；而执行拼接操作后，输出特征的通道数为 $2n$。

CSPDarknet53 网络的 Python 代码如下所示。

```python
import torch
import torch.nn as nn
import torch.nn.functional as F

# Mish 激活函数
class Mish(nn.Module):
    def forward(self, x):
        x = x * torch.tanh(F.softplus(x))
        return x



# 卷积
class ConvBlock(nn.Module):
    def __init__(self, in_channels, out_channels, kernel_size, stride):
        super(ConvBlock, self).__init__()
        self.conv = nn.Conv2d(in_channels, out_channels, kernel_size,
                stride, padding=kernel_size// 2, bias=False)
        self.bn = nn.BatchNorm2d(out_channels)
        self.mish = Mish()
    def forward(self, x):
        x = self.conv(x)
        x = self.bn(x)
        x = self.mish(x)
        return x



# 残差块
class ResBlock(nn.Module):
    def __init__(self, channels):
        super(ResBlock, self).__init__()
        self.conv1 = ConvBlock(channels, channels // 2,
                kernel_size=1, stride=1)
        self.conv2 = ConvBlock(channels // 2, channels,
```

```
                kernel_size=3, stride=1)
    def forward(self, x):
        residual = x
        x = self.conv1(x)
        x = self.conv2(x)
        x += residual
        return x


# CSPNet 结构
class CSPBlock(nn.Module):
    def __init__(self, in_channels, out_channels, num_blocks):
        super(CSPBlock, self).__init__()
        self.conv1 = ConvBlock(in_channels, out_channels, kernel_size=3,
            stride=2)
        self.shortcut = ConvBlock(out_channels, out_channels// 2,
            kernel_size=1, stride=1)
        self.mainconv = ConvBlock(out_channels, out_channels// 2,
            kernel_size=1, stride=1)
        self.res_blocks = nn.Sequential(*[ResBlock(out_channels// 2)
            for _ in range(num_blocks)])
        self.conv2 = ConvBlock(out_channels// 2, out_channels// 2,
            kernel_size=1, stride=1)
        self.concat = nn.Conv2d(out_channels, out_channels,
            kernel_size=1, stride=1)
        self.conv3 = ConvBlock(out_channels, out_channels,
            kernel_size=1, stride=1)

    def forward(self, x):
        x = self.conv1(x)
        shortcut = self.shortcut(x)
        mainconv = self.mainconv(x)
        mainconv = self.res_blocks(mainconv)
        mainconv = self.conv2(mainconv)
        x = torch.cat([mainconv, shortcut], dim=1)
        x = self.concat(x)
        x = self.conv3(x)
        return x


# 主干网络
class CSPDarknet(nn.Module):
    def __init__(self):
```

```
super(CSPDarknet, self).__init__()
self.conv = ConvBlock(3, 32, kernel_size=3, stride=1)
self.csp1 = CSPBlock(32, 64, num_blocks=1)
self.csp2 = CSPBlock(64, 128, num_blocks=2)
self.csp3 = CSPBlock(128, 256, num_blocks=8)
self.csp4 = CSPBlock(256, 512, num_blocks=8)
self.csp5 = CSPBlock(512, 1024, num_blocks=4)

def forward(self, x):
    x = self.conv(x)
    feat1 = self.csp1(x)
    feat2 = self.csp2(feat1)
    feat3 = self.csp3(feat2)
    return feat1, feat2, feat3
```

6.2.2　YOLO4 模型的检测颈

目标检测的难点之一在于检测颈的设计，这关系到能否有效地融合特征。在早期的特征融合方法中，大多通过相加或拼接来实现，其中，C 表示图像通道数，H、W 代表图像的高、宽，但这些方法难以处理多尺度问题，并且在小目标检测方面效果有限。针对这个问题，特征金字塔（FPN）开创性地引入一种自上而下路径的特征融合，即上采样融合拼接，此方法可以在多个尺度上进行特征融合并分别进行目标检测，可以显著提升小目标检测的精确度。基于 FPN 的思想，PANet 在 FPN 的架构基础上设计了一条自底向上的连接路径。PANet 通过自上而下的路径将高层的语义特征向下传递，增强了语义信息的提取能力；同时，通过自下而上的路径将低层的定位信息传递上去，弥补了 FPN 的不足。除了 PANet，还有特征融合性能更优秀的 NAS-FPN，它利用神经网络架构自动搜索并设计网络拓扑，覆盖了所有可能的跨范围融合方式，然而它对硬件要求很高，需要花费成百上千个小时进行处理，且最后生成的网络结构不规则，难以解释。综合考虑，YOLO4 模型采用了在性能和实用性方面都具有较好表现的 PANet 作为检测颈。图 6.11 所示为相加操作和拼接操作示意图。图 6.12 所示为 FPN、PANet 和 NAS-FPN 结构图。

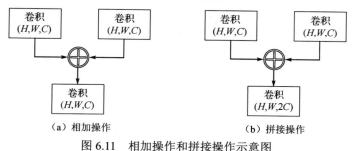

图 6.11　相加操作和拼接操作示意图

143

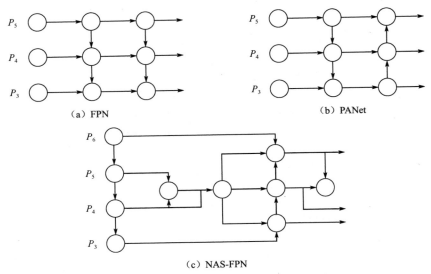

（a）FPN （b）PANet

（c）NAS-FPN

图 6.12　FPN、PANet 和 NAS-FPN 结构图

　　YOLO4 模型的检测颈除了使用了 PANet 结构，还添加了改进型的空间金字塔池化（Spatial Pyramid Pooling，SPP）模块。SPP 模块最初是为了解决传统卷积网络需要统一输入图像尺寸这一问题而引入的，传统的做法是将图像裁剪成统一尺寸，但这么做会损失很多特征信息，还没开始训练就已经丢失了大量信息，对于基于 SAR 图像的舰船检测这类小目标检测任务而言，有诸多不利影响。于是，SPP 模块应运而生，它是三个不同尺寸的最大池化层的堆叠，并分别进行平铺（Flatten）操作来降维，得到$1\times C$、$4\times C$和$16\times C$（C代表通道数）这三个维度的特征，然后将这三个维度的特征拼接，得到维度为$(1+4+16)\times C$的特征，不管输入图像的尺寸为多少，得到的输出永远为一个固定的维度。图 6.13 所示为 SPP 模块结构图。

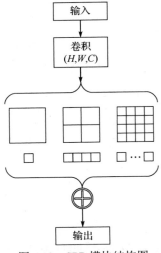

图 6.13　SPP 模块结构图

YOLO4 模型中的 SPP 模块由 4 个内核大小不同的最大池化层堆叠而成，内核大小分别为1×1、5×5、9×9、13×13，并且添加在主干网络最后一层 P_5 后。这么做的主要目的并不是防止输入图像的尺寸不同，而是为了借用它的多尺度最大池化层增强主干网络的感受野，进而分离出上下文特征。图 6.14 所示为 YOLO4 模型中的 SPP 模块结构图。

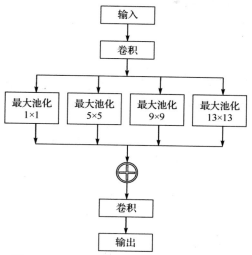

图 6.14　YOLO4 模型中的 SPP 模块结构图

除了上述结构，为了能够充分融合特征，YOLO4 模型中的检测颈还添加了多个五层卷积的卷积层，每个卷积层都包含一个 BN 层和一个 LeakyReLU 激活函数。LeakyReLU 激活函数相较于传统的 ReLU 激活函数，在输入小于零时会出现一个非负斜率，使得输出接近于零，即 LeakyReLU 激活函数输入为负值时，会产生一个较小的输出，而 ReLU 激活函数输入为负值时，输出为零。

LeakyReLU 激活函数的一般表达形式如下：

$$f(x) = \text{LeakyReLU}(x) = \begin{cases} x, & x > 0 \\ kx, & x \leq 0 \end{cases} \tag{6.36}$$

从式（6.36）可以推断出，当 ReLU 激活函数的输入为负值时，输出总是为 0，其一阶导数也始终为 0，这可能导致神经网络停止更新参数。为了克服这个问题，LeakyReLU 激活函数在输入为负值时添加一个较小的非负斜率，保持输出值为非零，这样的设计能有效地防止梯度为零，从而降低神经元死亡的概率。

FPN 架构的 Python 代码如下所示。

```python
class FPN(nn.Module):
    def __init__(self, block, layers):
        super(FPN, self).__init__()
        self.inplanes = 64
```

```python
        self.conv1 = nn.Conv2d(3, 64, kernel_size=7, stride=2, padding=3,
            bias=False)
        self.bn1 = nn.BatchNorm2d(64)

        self.relu = nn.ReLU(inplace=True)
        self.maxpool = nn.MaxPool2d(kernel_size=3, stride=2, padding=1)

        self.layer1 = self._make_layer(block,  64, layers[0])
        self.layer2 = self._make_layer(block, 128, layers[1], stride=2)
        self.layer3 = self._make_layer(block, 256, layers[2], stride=2)
        self.layer4 = self._make_layer(block, 512, layers[3], stride=2)

        self.toplayer = nn.Conv2d(2048, 256, kernel_size=1, stride=1,
            padding=0)

        self.smooth1 = nn.Conv2d(256, 256, kernel_size=3, stride=1,
            padding=1)
        self.smooth2 = nn.Conv2d(256, 256, kernel_size=3, stride=1,
            padding=1)
        self.smooth3 = nn.Conv2d(256, 256, kernel_size=3, stride=1,
            padding=1)

        self.latlayer1 = nn.Conv2d(1024, 256, kernel_size=1, stride=1,
            padding=0)
        self.latlayer2 = nn.Conv2d( 512, 256, kernel_size=1, stride=1,
            padding=0)
        self.latlayer3 = nn.Conv2d( 256, 256, kernel_size=1,
            stride=1, padding=0)

        for m in self.modules():
            if isinstance(m, nn.Conv2d):
                n = m.kernel_size[0] * m.kernel_size[1] * m.out_channels
                m.weight.data.normal_(0, math.sqrt(2. / n))
            elif isinstance(m, nn.BatchNorm2d):
                m.weight.data.fill_(1)
                m.bias.data.zero_()


    def _make_layer(self, block, planes, blocks, stride=1):
        downsample = None
        if stride != 1 or self.inplanes != block.expansion * planes:
            downsample = nn.Sequential(
                nn.Conv2d(self.inplanes, block.expansion * planes,
```

```python
                    kernel_size=1, stride=stride, bias=False),
                nn.BatchNorm2d(block.expansion * planes)
            )
        layers = []
        layers.append(block(self.inplanes, planes, stride, downsample))
        self.inplanes = planes * block.expansion
        for i in range(1, blocks):
            layers.append(block(self.inplanes, planes))
        return nn.Sequential(*layers)

    def _upsample_add(self, x, y):
        _,_,H,W = y.size()
        return F.upsample(x, size=(H,W), mode='bilinear') + y

    def forward(self, x):
        x = self.conv1(x)
        x = self.bn1(x)
        x = self.relu(x)
        c1 = self.maxpool(x)

        c2 = self.layer1(c1)
        c3 = self.layer2(c2)
        c4 = self.layer3(c3)
        c5 = self.layer4(c4)

        p5 = self.toplayer(c5)
        p4 = self._upsample_add(p5, self.latlayer1(c4))
        p3 = self._upsample_add(p4, self.latlayer2(c3))
        p2 = self._upsample_add(p3, self.latlayer3(c2))

        p4 = self.smooth1(p4)
        p3 = self.smooth2(p3)
        p2 = self.smooth3(p2)
        return p2, p3, p4, p5
```

SPP 模块的 Python 代码如下所示。

```python
import math
import torch
import torch.nn.functional as F
class SPPLayer(torch.nn.Module):
    def __init__(self, num_levels, pool_type='max_pool'):
        super(SPPLayer, self).__init__()
        self.num_levels = num_levels
        self.pool_type = pool_type
```

```
def forward(self, x):
    num, c, h, w = x.size()
    for i in range(self.num_levels):
        level = i+1
        kernel_size = (math.ceil(h / level), math.ceil(w / level))
        stride = (math.ceil(h / level), math.ceil(w / level))
        pooling = (math.floor((kernel_size[0]*level-h+1)/2),
                   math.floor((kernel_size[1]*level-w+1)/2))
        if self.pool_type == 'max_pool':
            tensor = F.max_pool2d(x, kernel_size=kernel_size,
                    stride=stride, padding=pooling).view(num, -1)
        else:
            tensor = F.avg_pool2d(x, kernel_size=kernel_size,
                    stride=stride, padding=pooling).view(num, -1)
        if (i == 0):
            x_flatten = tensor.view(num, -1)
        else:
            x_flatten = torch.cat((x_flatten,
                    tensor.view(num, -1)), 1)
    return x_flatten
```

6.2.3 YOLO4 模型的检测头

YOLO4 模型的检测头由 3×3 的卷积层和 1×1 的卷积层组合而成。输出通道数为 $3\times(K+4+1)$，其中 K 是目标类别数目，本章只进行舰船检测，目标为一类，因此 $K=1$，则预测通道数为 $3\times(1+4+1)=18$。“3”指的是 3 个锚，每个锚对应于 $(1+4+1)=6$ 个通道。在本章中，第 1 个通道是对舰船类的预测，中间 4 个通道是对边界框位置的预测，最后一个通道是目标的置信度，用来区分前景、背景。图 6.15 所示为 YOLO4 模型结构图。

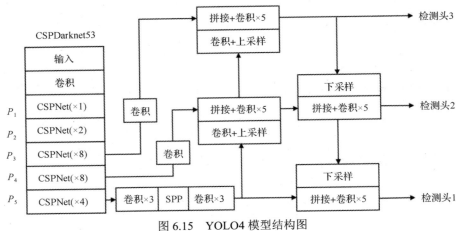

图 6.15　YOLO4 模型结构图

6.2.4　YOLO4 模型的训练

YOLO4 模型的结构大致分为主干网络、检测颈、检测头这三个部分，下面介绍 YOLO4 模型用到的一些训练技巧。

6.2.4.1　Mosaic

YOLO4 模型中运用了 Mosaic 数据增强方法。传统的数据增强方法通常对单张输入图像进行裁剪、翻转、扭曲、色域变换等预处理操作，而 Mosaic 数据增强方法则是通过融合四张图像来实现的，每张图像都有对应的锚框（标注数据时生成的），用来标注待检测目标。每次将四张图像经 Mosaic 数据增强方法融合为一张新的图像（这张图像的锚框依然存在），并将生成的图像输入 YOLO4 模型网络中进行训练，等价于一次传入四张图像进行训练。使用 Mosaic 数据增强方法的好处有两个：一方面，它极大地丰富了检测目标的背景，可以为模型提供更多的背景特征信息；另一方面，在进行批归一化时会计算所传入四张图像的数据，BatchSize（批次大小）不需要设置得很大，降低了对硬件的要求，使得 YOLO4 模型在单 GPU 上即可运行。

Mosaic 数据增强方法的操作步骤可以简单概括如下。

（1）随机选取四张 SAR 图像作为输入。

（2）分别对这四张图像进行几何变换、色域变换（调整明亮度、饱和度、色调）等操作。

（3）将处理过的四张图像放置在左上、左下、右下、右上四个位置上。

（4）截取四张图像部分区域并将它们拼接成一张图像。

以上就是 Mosaic 数据增强方法生成图像的过程，生成的图像包含位置标注（锚框）等信息。图 6.16 所示为 Mosaic 数据增强方法步骤图。

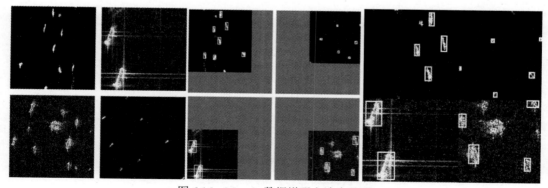

图 6.16　Mosaic 数据增强方法步骤图

在 Mosaic 几何变换中，需要特别注意裁剪操作。对于四张待操作图像，首先，随机生成其中一张图像的裁剪坐标，并根据坐标计算出待裁剪部分的长和宽。其次，基于裁剪坐标绘制出裁剪矩形并获取它与原图的交集。再次，将图像的尺寸调整为 YOLO4 模型所需的大小。最后，根据裁剪坐标和待裁剪的尺寸，取固定部分填充到新图像的左上部分，并将其他三张图像的裁剪部分分别填充到新图像的左下、右下、右上部分。还需留意的是，如果选取的图像包含锚框，则只保留选取后仍然完整的锚框，其他部分将被舍弃。图 6.17 所示为 Mosaic 几何变换中裁剪操作的过程图。

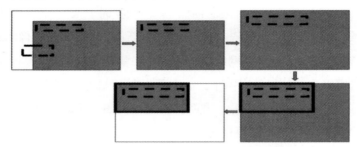

图 6.17　Mosaic 几何变换中裁剪操作的过程图

Mosaic 数据增强方法的 Python 代码如下所示。

```python
import numpy as np
import cv2


def filter_truth(bboxes, dx, dy, sx, sy, xd, yd):
    bboxes[:, 0] -= dx
    bboxes[:, 2] -= dx
    bboxes[:, 1] -= dy
    bboxes[:, 3] -= dy

    bboxes[:, 0] = np.clip(bboxes[:, 0], 0, sx)
    bboxes[:, 2] = np.clip(bboxes[:, 2], 0, sx)

    bboxes[:, 1] = np.clip(bboxes[:, 1], 0, sy)
    bboxes[:, 3] = np.clip(bboxes[:, 3], 0, sy)

    out_box = list(np.where(((bboxes[:, 1] == sy) &
                    (bboxes[:, 3] == sy)) |
                    ((bboxes[:, 0] == sx) &
                    (bboxes[:, 2] == sx)) |
                    ((bboxes[:, 1] == 0) &
                    (bboxes[:, 3] == 0)) |
```

```
                        ((bboxes[:, 0] == 0) &
                        (bboxes[:, 2] == 0)))[0])
    list_box = list(range(bboxes.shape[0]))
    for i in out_box:
        list_box.remove(i)
    bboxes = bboxes[list_box]
    bboxes[:, 0] += xd
    bboxes[:, 2] += xd
    bboxes[:, 1] += yd
    bboxes[:, 3] += yd
    return bboxes



def blend_truth_mosaic(out_img, img, bboxes, w, h, cut_x, cut_y, i_mixup,
    left_shift, right_shift, top_shift, bot_shift):
    left_shift = min(left_shift, w - cut_x)
    top_shift = min(top_shift, h - cut_y)
    right_shift = min(right_shift, cut_x)
    bot_shift = min(bot_shift, cut_y)

    if i_mixup== 0:
        bboxes = filter_truth(bboxes, left_shift, top_shift, cut_x,
            cut_y, 0, 0)
        out_img[:cut_y, :cut_x] = img[top_shift:top_shift+ cut_y,
            left_shift:left_shift+ cut_x]
    if i_mixup== 1:
        bboxes = filter_truth(bboxes, cut_x- right_shift, top_shift,
            w - cut_x, cut_y, cut_x, 0)
        out_img[:cut_y, cut_x:] = img[top_shift:top_shift+ cut_y,
            cut_x- right_shift:w- right_shift]
    if i_mixup== 2:
        bboxes = filter_truth(bboxes, left_shift, cut_y- bot_shift,
            cut_x, h - cut_y, 0, cut_y)
        out_img[cut_y:, :cut_x] = img[cut_y- bot_shift:h- bot_shift,
            left_shift:left_shift+ cut_x]
    if i_mixup== 3:
        bboxes = filter_truth(bboxes, cut_x- right_shift, cut_y-
            bot_shift, w - cut_x, h - cut_y, cut_x, cut_y)
        out_img[cut_y:, cut_x:] = img[cut_y- bot_shift:h-
            bot_shift, cut_x- right_shift:w- right_shift]
    return out_img, bboxes
```

```
def draw_box(img, bboxes):
    for b in bboxes:
        img = cv2.rectangle(img, (b[0], b[1]), (b[2], b[3]),
            (0, 255, 0), 2)
    return img
```

6.2.4.2 标签平滑

在深度学习中，训练样本的数量通常是非常庞大的，因此难免会出现一些错误的标签，这些错误标签会对训练结果产生负面影响。解决这个问题可以使用标签平滑技术，它能够有效减轻错误标签对模型训练的影响，并且有助于防止过拟合、提高目标检测的精度。

为了简化说明，假设标签的目标类与非目标类分别为1和0。当某个数据的标签错误时，该数据对训练结果是不利的。假定第 k 个训练数据为 (p_k, q_k) ，p_k 为样本，q_k 为标签，那么在每一迭代轮次的训练中，给数据添加一个错误率 μ ，分别以 μ 和 $1-\mu$ 的概率将 $(p_k, 1-q_k)$ 、(p_k, q_k) 代入训练。通过这种设置错误率的方法，可以确保正确标签的数据及少量错误标签的数据同时输入模型中进行训练，这样操作以后，理论上网络模型并不会完全匹配数据标签，从而有效降低错误标签的负面影响，减少过拟合问题。

假设损失函数为交叉熵的形式，数据 (p_k, q_k) 的损失函数 L_k 定义为

$$L_k = -q_k p(\hat{q}_k = 1 | p_k) - (1-q_k) p(\hat{q}_k = 0 | p_k) \tag{6.37}$$

随机化后的标签为 q_k 、$1-q_k$ 的概率分别为 $1-\mu$ 与 μ 。因此，使用随机化后的标签进行训练时，损失函数保持不变的概率为 $1-\mu$ ，与 μ 相关的损失函数为

$$L_k = -(1-q_k) p(\hat{q}_k = 1 | p_k) - q_k p(\hat{q}_k = 0 | p_k) \tag{6.38}$$

将式（6.37）与式（6.38）加权平均得

$$L_k = -\left[\mu(1-q_k) + (1-\mu)q_k\right] p(\hat{q}_k = 1 | p_k) - \left[\mu q_k + (1-\mu)(1-q_k)\right] p(\hat{q}_k = 0 | p_k) \tag{6.39}$$

令 $q_k' = \mu(1-q_k) + (1-\mu)q_k$ 以简化式（6.39）：

$$L_k = -q_k' p(\hat{q}_k = 1 | p_k) - (1-q_k') p(\hat{q}_k = 0 | p_k) \tag{6.40}$$

式（6.37）与式（6.40）相比，q_k 被替换为 q_k' ，即将第 k 个数据的标签 q_k 替换为 q_k' 。因此，只需进行标签替换而无须进行随机化处理。

式（6.39）等价于：

$$q_k' = \begin{cases} \mu, & q_k = 0 \\ 1 - \mu, & q_k = 1 \end{cases} \tag{6.41}$$

即数据标签为0或1时，分别替换成较小值 μ 或 $1-\mu$ 代入训练。式（6.41）是交叉熵模型的表达式，可以很容易地看出标签平滑的效果：

$$\hat{q}_k = \left(1 + e^{w^\mathrm{T} p_k}\right)^{-1} \tag{6.42}$$

从式（6.42）可以推断出交叉熵模型的输出不可能为0或1，但是可以通过增大学习率使模型的输出不断向0或1逼近。然而，在逼近的过程中容易出现过拟合的情况，并与正则化准则相悖。解决这一问题可以采用标签平滑方法，通过设置一个较小值 μ，并将原本的0和1替换成 μ 和 $1-\mu$，来防止模型因持续优化所引起的过拟合。标签平滑中的"平滑"体现在，两个极值0和1向中间靠拢时不会变得那么极端。

标签平滑方法的 Python 代码如下所示。

```
import torch

def Label_Smoothing(y_true, label_smoothing):
    num_classes = y_true.size(-1)
    label_smoothing = torch.tensor(label_smoothing)
    smooth_labels = y_true* (1.0 - label_smoothing) +
        label_smoothing/ num_classes
    return smooth_labels
```

6.2.4.3　学习率余弦退火衰减

在深度学习中，网络模型根据数据集估算训练参数，并不断更新。常用的算法如梯度下降法，会以固定的学习率和确定的步长进行更新，训练前期以较大的学习率进行训练，这样模型的梯度下降快速；训练后期以较小的学习率进行训练，这样有助于模型收敛，尽可能接近最优点。但是当模型训练达到局部最优解时，无论朝哪个方向训练，损失值只会变大。针对此问题，余弦退火衰减算法就此诞生并应用于 YOLO4 模型。

余弦退火衰减算法的思想很容易理解。当目标函数达到局部最优解时，如果继续使用梯度训练算法降低学习率就会陷入僵局，只能获得局部最小值，此时，可以提高学习率来跳出局部最优的循环。余弦退火衰减算法的学习率变化曲线和余弦函数曲线一样，按照周期变化，同时融合了退火算法思想，其原理如下：

$$\varepsilon_k = \varepsilon_{\min}^k + \frac{1}{2}\left(\varepsilon_{\max}^k - \varepsilon_{\min}^k\right)\left[1 + \cos\left(\frac{T_c}{T_k}\pi\right)\right] \tag{6.43}$$

式中，k 指的是第 k 次迭代；$\varepsilon_{\min}^k$ 和 $\varepsilon_{\max}^k$ 分别表示第 k 次迭代时学习率的最小值和最大值，在学习率变化了一个周期后，$\varepsilon_{\min}^k$ 和 $\varepsilon_{\max}^k$ 减小，而在 YOLO4 模型中，$\varepsilon_{\min}^k$ 和 $\varepsilon_{\max}^k$ 保持不变；T_c 指的是当前训练的迭代轮次数量；T_k 表示第 k 次运行时的总迭代数。需要注意的是，T_c 在每个批量运行后就会更新（当前轮次并未结束），所以该值可为一个小数。例如，总训练数据量为 c，每一批量的数据量为 d，那么一轮次中会循环 c/d 次批量读入，当第一轮次的第一个批量读入结束后，T_c 就更新为 $1/cd$。

6.2.4.4　CIoU

在目标检测中，通常使用交并比（Intersection over Union，IoU）来筛选预测框，并计算预测框与真实框之间的损失值。IoU 的计算方式简单，只需将预测框与真实框的交集面积除以并集面积即可得到，它具有尺度不变的优点，但忽略了预测框间的距离，无法精准反映框间的重合度大小。因此，衍生出了很多新的度量方法，例如，额外考虑了非重合框的广义交并比（Generalized Intersection over Union，GIoU）、能够最小化目标框间的距离并加速损失函数收敛的距离交并比（Distance Intersection over Union，DIoU）和完备交并比（Complete Intersection over Union，CIoU）。YOLO4 模型使用的就是 CIoU。

CIoU 考虑了预测框锚点与目标间的距离、重合率、尺度，并添加惩罚因子用于估计预测框长宽比与真实框长宽比，避免了模型训练过程中的发散问题，从而提供了更准确的目标检测结果，有助于进一步提高模型的稳定性和准确性，有效改善目标检测模型的性能。图 6.18 所示为 CIoU 示意图。计算公式如下所示。

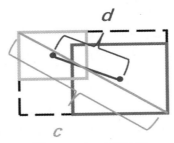

图 6.18　CIoU 示意图

$$\text{CIoU} = 1 - \text{IoU} + \frac{\rho^2\left(b, b^{\text{gt}}\right)}{c^2} + wa \tag{6.44}$$

$$a = \frac{4}{\pi^2}\left(\arctan\frac{W^{\text{gt}}}{H^{\text{gt}}} - \arctan\frac{W}{H}\right)^2 \tag{6.45}$$

$$\omega = \frac{a}{1 - \text{IoU} + a} \tag{6.46}$$

式中，b 表示预测框；b^{gt} 表示真实框；$\rho^2\left(b, b^{\text{gt}}\right)$ 代表 b 与 b^{gt} 的中心点的欧氏距离，即图 6.18 所示的 d；c 表示同时包含 b 与 b^{gt} 的最小矩形的对角线长度；a 是衡量真实框与预测框长宽比的参数；W、H 指预测框的宽、长；W^{gt}、H^{gt} 代表真实框的宽、长；ω 是关于 a 的权重函数。

CIoU 的 Python 代码如下所示。

```python
import torch
from torch.nn import functional as F
import numpy as np
from packaging import version
if version.parse(torch.__version__) >= version.parse('1.5.0'):
    def _true_divide(dividend, divisor):
        return torch.true_divide(dividend, divisor)
else:
    def _true_divide(dividend, divisor):
        return dividend / divisor


def bboxes_ciou(bboxes_a, bboxes_b, fmt='voc'):
    if bboxes_a.shape[1] != 4 or bboxes_b.shape[1] != 4:
        raise IndexError
    N, K = bboxes_a.shape[0], bboxes_b.shape[0]
    if fmt.lower() == 'voc':
        tl_intersect = torch.max(bboxes_a[:, np.newaxis, :2],
            bboxes_b[:, :2])
        br_intersect = torch.min(bboxes_a[:, np.newaxis, 2:],
            bboxes_b[:, 2:])
        bb_a = bboxes_a[:, 2:] - bboxes_a[:, :2]
        bb_b = bboxes_b[:, 2:] - bboxes_b[:, :2]
    elif fmt.lower() == 'yolo':
        tl_intersect = torch.max(bboxes_a[:, np.newaxis, :2] -
            bboxes_a[:, np.newaxis, 2:]/2, bboxes_b[:, :2] -
            bboxes_b[:, 2:]/2)
        br_intersect = torch.min(bboxes_a[:, np.newaxis, :2] +
            bboxes_a[:, np.newaxis, 2:]/2, bboxes_b[:, :2] +
            bboxes_b[:, 2:]/2)
        bb_a = bboxes_a[:, 2:]
        bb_b = bboxes_b[:, 2:]
    elif fmt.lower() == 'coco':
```

```
        tl_intersect = torch.max(bboxes_a[:, np.newaxis, :2],
            bboxes_b[:, :2])
        br_intersect = torch.min(bboxes_a[:, np.newaxis, :2] +
            bboxes_a[:, np.newaxis, 2:], bboxes_b[:, :2] +
            bboxes_b[:, 2:])
        bb_a = bboxes_a[:, 2:]
        bb_b = bboxes_b[:, 2:]
    area_a = torch.prod(bb_a, 1)
    area_b = torch.prod(bb_b, 1)
en = (tl_intersect<br_intersect).type(tl_intersect.type()).
    prod(dim=2)

area_intersect = torch.prod(br_intersect - tl_intersect, 2)
 * en * ((tl<br).all())
    area_union = (area_a[:, np.newaxis] + area_b - area_intersect)
    iou = _true_divide(area_intersect, area_union)
    if fmt.lower() == 'voc':
        centre_a = (bboxes_a[..., 2:] + bboxes_a[..., : 2])/2
        centre_b = (bboxes_b[..., 2:] + bboxes_b[..., : 2])/2
    elif fmt.lower() == 'yolo':
        centre_a = bboxes_a[..., : 2]
        centre_b = bboxes_b[..., : 2]
    elif fmt.lower() == 'coco':
        centre_a = bboxes_a[..., 2:] + bboxes_a[..., : 2]/2
        centre_b = bboxes_b[..., 2:] + bboxes_b[..., : 2]/2
    centre_dist = torch.norm(centre_a[:, np.newaxis] -
        centre_b, p='fro', dim=2)
    diag_len = torch.norm(br_intersect - tl_intersect, p='fro', dim=2)
    v = F.cosine_similarity(bb_a[:, np.newaxis, :], bb_b, dim=-1)
    v = (true_divide(2 * torch.acos(v), np.pi)).pow(2)
    with torch.no_grad():
        alpha = (true_divide(v, 1 - iou + v)) * ((iou>=
            0.5).type(iou.type()))
    ciou = iou - _true_divide(centre_dist.pow(2), diag_len.pow(2)) -
        alpha * v
    return ciou
```

6.2.4.5 NMS

在 YOLO 模型预测目标检测的结果时，面临着对同一个目标可能会生成多个预测框的问题，这时就需要使用非极大抑制（Non-Maximum Suppression，NMS）。NMS 的目标是能够从这些预测框中选择得分最高的框作为最终结果。

NMS 的执行思路简单明了：首先选取预测框中得分较高的一个框并保留，记录该预测框为 b^{bt}。其次计算 b^{bt} 与其余预测框的 IoU，如果 IoU>NMS 阈值（通常设置为 0.5），就将该预测框得分设置为零（等价于删除）。最后从剩余的预测框中找出得分最高的那一个，重复上述步骤直到 IoU<NMS 阈值的预测框得分为零。至此 NMS 执行完毕，当前目标最合适的预测框被选出，多余的框被删除。

NMS 的 Python 代码如下所示。

```python
import numpyasnp

def non_max_suppression_fast(detections, overlap_thresh):
    boxes = []
    for detection in detections:
    _, _, _, (x, y, w, h) = detection
        x1 = x - w / 2
        y1 = y - h / 2
        x2 = x + w / 2
        y2 = y + h / 2
        boxes.append(np.array([x1, y1, x2, y2]))
    boxes_array = np.array(boxes)
    pick = []
    x1 = boxes_array[:, 0]
    y1 = boxes_array[:, 1]
    x2 = boxes_array[:, 2]
    y2 = boxes_array[:, 3]
    area = (x2 - x1 + 1) * (y2 - y1 + 1)
    idxs = np.argsort(y2)
    while len(idxs) > 0:
        last = len(idxs) - 1
        i = idxs[last]
        pick.append(i)
        xx1 = np.maximum(x1[i], x1[idxs[:last]])
        yy1 = np.maximum(y1[i], y1[idxs[:last]])
        xx2 = np.minimum(x2[i], x2[idxs[:last]])
        yy2 = np.minimum(y2[i], y2[idxs[:last]])
        w = np.maximum(0, xx2 - xx1 + 1)
        h = np.maximum(0, yy2 - yy1 + 1)
        overlap = (w * h) / area[idxs[:last]]
        idxs = np.delete(idxs,
            np.concatenate(([last],np.where(overlap
            >overlap_thresh)[0])))
    return [detections[i] for iin pick]
```

6.3 实验结果及分析

6.3.1 CAESAR-Radi 数据集

对于基于深度学习的舰船检测任务来说，数据集的容量及包含场景的全面性是验证模型检测性能的关键因素。为了满足这一要求，实验选用了数据容量大、包含场景全面且公开的 CAESAR-Radi 数据集。该数据集是中国科学院王超团队开放的 SAR 图像舰船数据集，包含了 Sentinel-1 及 GF-3 两种遥感卫星的图像数据，且为了降低硬件需求以便于模型训练，将高分辨率的图像分割成了 4300 张 256 像素×256 像素的低分辨率 SAR 图像切片。部分 CAESAR-Radi 舰船数据集图如图 6.19 所示。

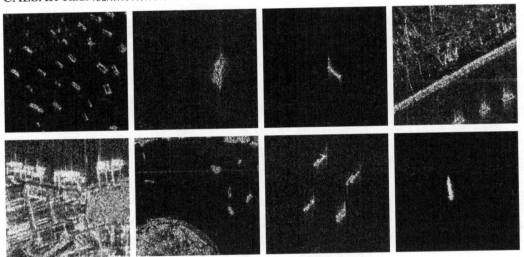

图 6.19　部分 CAESAR-Radi 舰船数据集图

6.3.2 评价指标

本章用精确率（Precision）、召回率（Recall）及平均精确率（Average Precision，AP）这三个指标来评价网络模型的检测性能。下面介绍各个指标的计算方式。

首先介绍几个概念。本章讲述的是对舰船这一单目标进行目标检测，因此可以等价为一个二分类问题，那么数据样本的真实标签可以分为正负两类，模型检测的预测标签也可以分为正负两类，分类结果示意表如表 6.1 所示。

表 6.1　分类结果示意表

预测标签	真实标签	
	Positive	Negative
Positive	TP	FP
Negative	FN	TN

表 6.1 中的 TP（True Positive）表示真实标签与预测标签均为正；FP（False Positive）表示真实标签为负但预测标签为正；TN（True Negative）表示真实标签为正但预测标签为负；FN（False Negative）表示真实标签与预测标签均为负。

训练好的模型对 SAR 图像进行舰船检测时，会将样本的预测框与真实框匹配并计算相应的 IoU，根据非极大抑制算法保留得分最大的预测框。预测框匹配真实框示意图如图 6.20 所示，设置阈值为 T（图中 T=0.5），当 IoU 大于 T 时，表示检测目标成功，TP 加 1；当 IoU 小于 T 时，表示检测目标失败，FP 加 1；如果模型生成的预测框无法匹配真实框，那么 FN 加 1。

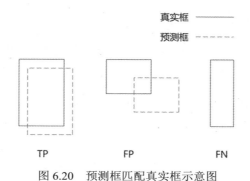

图 6.20　预测框匹配真实框示意图

精确率代表检测正确的正样本数占所有检测正样本数的比例，精确率越大表示模型的查准率越大。精确率计算如下：

$$P = \frac{\text{TP}}{\text{TP} + \text{FP}} \tag{6.47}$$

召回率代表检测正确的正样本数占所有真实正样本数的比例，召回率越大表示模型对检测目标的查全率越高。召回率计算如下：

$$R = \frac{\text{TP}}{\text{TP} + \text{FN}} \tag{6.48}$$

根据图 6.20 可知，样本被预测为正负样本取决于阈值 T 的大小，T 的变动也会导致精确率及召回率的变动。如果 T 设置得过小，FP 会增大，精确率降低，召回率增大；反之，T 设置得过大，FP 减小，精确率增大，召回率减小（见图 6.21）。当阈值 T 设置得不合理时，精确率和召回率不能很好地反映模型的检测精度，那么就要用到平均精确率这个指标了。

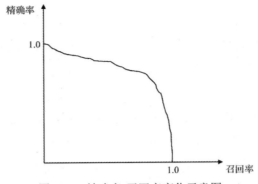

图 6.21　精确率-召回率变化示意图

如图 6.21 所示，以召回率为横坐标、精确率为纵坐标绘制出一条曲线来反映两者之间的变化关系。这条曲线与坐标轴围成的面积就是该目标的平均精确率，其计算公式如下：

$$AP = \int_0^1 P(R)\mathrm{d}R \tag{6.49}$$

平均精确率能有效衡量模型检测性能的优劣，值越大说明模型的检测精确率越大。在本章的实验分析中，会使用平均精确率作为主要指标，精确率和召回率作为辅助指标来进行实验分析。

另外，本章使用每秒处理的图像帧数（Frame Per Second，FPS）来衡量模型的检测速度。FPS 值越大说明模型的处理速度越快，计算公式如下：

$$FPS = \frac{1}{T} \tag{6.50}$$

式中，T 代表处理每张图像所用的时间(s)；FPS 的单位为 f/s，f 表示帧。

6.3.3　实验分析

在本章的实验中，首先搭建模型，再在 CAESAR-Radi 数据集上进行网络的训练。在训练过程中，按照 9：1 的比例将 CAESAR-Radi 数据集随机划分为训练集与测试集；学习方式使用余弦退火衰减算法，初始学习率设为 0.001；每批处理 8 张 SAR 图像，并采用标签平滑来提高模型的鲁棒性；使用 Mosaic 数据增强方法进行数据增强，以增加数据的多样性。在后处理阶段，使用 NMS 方法（阈值为 0.5）与 SimOTA 动态匹配正负样本来进一步优化结果。

进行轻量化 YOLO 模型与 YOLO4 模型、YOLOX 模型的对比分析，图 6.22 所示为不同模型检测结果图及真实舰船位置图。

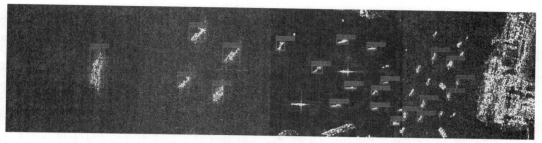

（a）轻量化 YOLO 模型(v=1)

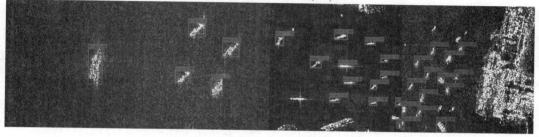

（b）轻量化 YOLO 模型(v=2)

（c）YOLO4 模型

（d）YOLOX 模型

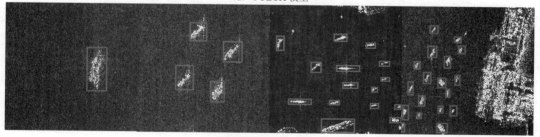

（e）真实舰船位置图

图 6.22　不同模型检测结果图及真实舰船位置图

YOLO4 模型、YOLOX 模型与轻量化 YOLO 模型都能够用于 SAR 图像舰船检测，但是，相比之下，YOLO4 模型和 YOLOX 模型的收敛更充分且训练更稳定。图 6.22 所示的是用 YOLO4 模型、YOLOX 模型与轻量化 YOLO 模型对 CAESAR-Radi 数据集样本进行舰船检测的结果图。图 6.22（c）和图 6.22（d）所示的分别是 YOLO4 模型及 YOLOX 模型的舰船检测结果图，可以明显看出，这两个模型能精确地检测出尺寸较大的舰船目标，并且对于数量较少的小尺寸舰船也可以大致检测出。但是，对于数量多且分布密集的小尺寸舰船，这两个模型的检测效果一般，都会出现漏检舰船的情况，且 YOLO4 模型漏检的数量多于 YOLOX 模型。图 6.22（a）、图 6.22（b）分别展示了 $v=1$ 与 $v=2$ 的轻量化 YOLO 模型的检测结果，可以明显观察到，对于大尺寸舰船及数量较少的舰船，轻量化 YOLO 模型能准确地检测出目标，但是，同 YOLO 系列模型一样，对于数量多且分布密集的小尺寸舰船，轻量化 YOLO 模型会出现漏检甚至错检的情况，而且漏检目标的数量比 YOLO4 模型还要多。在检测正确率方面，$v=2$ 的轻量化 YOLO 模型要优于 $v=1$ 的轻量化 YOLO 模型。

为了进一步分析轻量化 YOLO 模型在 SAR 图像上的检测性能；以 4300 张 SAR 图像为测试集进行检测，得到各个网络的参数量，模型的性能对比如表 6.2 所示。从表 6.2 中可以看出，轻量化 YOLO 模型（$v=2$）的平均精确率比 YOLOX 模型的降低了 3.83%，但是减少了 14.9M 的参数量，FPS 提升了 20.5f/s。

表 6.2 模型的性能对比

网络模型	参数量/M	精确率/%	召回率/%	平均精确率/%	FPS/(f/s)
YOLO4	64	87.65	88.07	91.12	35.4
YOLOX	52	88.41	88.29	91.85	37.1
YOLO($v=1$)	32.0	85.16	81.94	85.95	63.3
YOLO($v=2$)	37.1	85.53	84.67	88.02	57.6
YOLO4-Tiny	6.0	81.72	80.36	82.66	142.6
RetinaNet	33.6	83.63	81.96	85.87	45.3
YOLO3	61.9	84.88	82.67	86.57	48.5
EfficientDet-D4	20.7	85.69	84.21	87.71	22.7
EfficientDet-D5	33.7	88.03	87.53	90.14	18.6

6.4 小结

对于图像的目标检测任务来说，YOLO 模型及其多种变型展现了优异的检测性能。但是对于 SAR 图像舰船检测，现阶段依然存在两个问题：一是，虽然 YOLO 模型在当前主流卷积网络中有着优秀的检测性能，但要将其应用到 SAR 图像舰船检测中需要进行大量的改动，这主要是因为很多 SAR 图像中的舰船分布密集且尺寸较小；二是，虽然当前有很多科研人员将 YOLO 模型应用到了 SAR 图像舰船检测中，但是他们要么专注于轻量化模型以提升检测速度，要么专注于提升网络的检测精度，这主要是由卷积网络的结构决定的。如果专注于检测精度，势必要加深主干网络的深度以提取充分的特征信息，强化检测颈以融合高级特征，这就会导致参数量增加、检测速度下降；如果专注于提升检测速度，那么就要进行网络结构的轻量化，对于特征的提取融合自然要弱于前者，检测精度很难与前者比肩。

习题

6.1　简述检测颈的原理与作用。

6.2　简述检测头的原理与作用。

6.3　试分析 YOLO4 模型中 Mosaic 数据增强方法的作用。

6.4　什么是 CIoU？CIoU 具有哪些作用？

6.5　试解释精确率、召回率及平均精确率这三个指标的含义。

参考文献

[1]   邓云凯. 星载高分辨率宽幅 SAR 成像技术[M]. 北京: 科学出版社, 2020.

[2]   李春升, 王鹏波, 李景文, 等. 高分辨率星载 SAR 系统建模与仿真技术[M]. 北京: 国防工业出版社, 2021.

[3]   丁泽刚, 张天意, 龙腾. 合成孔径雷达: 成像与仿真[M]. 北京: 人民邮电出版社, 2023.

[4]   马彦恒, 褚丽娜, 李根, 等. 无人机高机动条件下 SAR 成像[M]. 北京: 北京航空航天大学出版社, 2022.

[5]   刘伟, 陈建宏, 赵拥军. 高分辨率 SAR 图像海洋目标识别[M]. 北京: 国防工业出版社, 2022.

[6]   王正明, 朱炬波, 谢美华. SAR 图像提高分辨率技术[M]. 北京: 科学出版社, 2013.

[7]   刘帅奇, 刘彤, 赵淑欢, 等. SAR 图像去噪模型及算法[M]. 北京: 北京理工大学出版社, 2023.

[8]   王超, 张红, 吴樊, 等. 高分辨率 SAR 图像船舶目标检测与分类[M]. 北京: 科学出版社, 2013.

[9]   殷君君, 杨健, 林慧平, 等. 极化 SAR 图像目标检测与分类[M]. 北京: 国防工业出版社, 2023.

[10] 邓磊. SAR 图像处理方法: Contourlet 域隐马尔可夫模型的应用[M]. 北京: 测绘出版社, 2009.

[11] 焦李成, 张向荣, 侯彪, 等. 智能 SAR 图像处理与解译[M]. 北京: 科学出版社, 2008.

[12] 高贵, 时公涛, 匡纲要, 等. SAR 图像统计建模: 模型及应用[M]. 北京: 国防工业出版社, 2013.

[13] 季秀霞, 张弓. 基于稀疏特征的 SAR 图像处理与应用[M]. 合肥: 合肥工业大学出版社, 2021.

[14] 薛笑荣. SAR 图像处理技术研究[M]. 北京: 科学技术文献出版社, 2017.

[15] 焦李成, 刘芳, 李玲玲, 等. 遥感影像深度学习智能解译与识别[M]. 西安: 西安电子科技大学出版社, 2019.

[16] 张玉叶, 赵育良, 王颖颖, 等. SAR 图像目标判读[M]. 北京: 航空工业出版社, 2021.

[17] 刘明才. 小波分析及其应用[M]. 北京: 清华大学出版社, 2013.

[18] 于凤芹. 实用小波分析十讲[M]. 西安: 西安电子科技大学出版社, 2019.

[19] 冯象初. 小波与稀疏逼近理论[M]. 西安: 西安电子科技大学出版社, 2019.

[20] 焦李成, 侯彪, 王爽, 等. 图像多尺度几何分析理论与应用: 后小波分析理论与应用[M]. 西安: 西安电子科技大学出版社, 2008.

[21] 闫河. 移不变抗混叠多尺度几何分析及其在 SAR 图像处理中的应用[M]. 北京: 科学出版社, 2015.

[22] Gitta Kutyniok, Demetrio Labate. 剪切波: 多元数据的多尺度分析[M]. 李鸿志, 李杨, 译. 哈尔滨: 哈尔滨工业大学出版社, 2023.

[23] 陈维桓, 李兴校. 黎曼几何引论[M]. 北京: 北京大学出版社, 2023.

[24] 黄利兵. 黎曼几何引论[M]. 北京: 科学出版社, 2018.

[25] 孙华飞, 张真宁, 彭林玉, 等. 信息几何导引[M]. 北京: 科学出版社, 2016.

[26] 黎湘, 程永强, 王宏强, 等. 雷达信号处理的信息几何方法[M]. 北京: 科学出版社, 2016.

反侵权盗版声明

电子工业出版社依法对本作品享有专有出版权。任何未经权利人书面许可，复制、销售或通过信息网络传播本作品的行为；歪曲、篡改、剽窃本作品的行为，均违反《中华人民共和国著作权法》，其行为人应承担相应的民事责任和行政责任，构成犯罪的，将被依法追究刑事责任。

为了维护市场秩序，保护权利人的合法权益，我社将依法查处和打击侵权盗版的单位和个人。欢迎社会各界人士积极举报侵权盗版行为，本社将奖励举报有功人员，并保证举报人的信息不被泄露。

举报电话：（010）88254396；（010）88258888

传　　真：（010）88254397

E-mail：dbqq@phei.com.cn

通信地址：北京市万寿路 173 信箱

　　　　　电子工业出版社总编办公室

邮　　编：100036